Tricks im Riff

Tarnung, Täuschung und Partnerschaften

Jahr-Verlag Hamburg

Die Deutsche Bibliothek – CIP-Einheitsaufnahme
Nahke, Peter:
Tricks im Riff : Tarnung / [Texte: Peter Nahke. Fotos: Peter Nahke]. - Hamburg : Jahr, 1998
ISBN 3-86132-243-9
NE: HST

Jahr-Verlag GmbH & Co.
Jessenstraße 1
D-22767 Hamburg
Telefon 040/38906-0
Telefax 040/38906-302

Text und Fotos: Dr. Peter Nahke
Lektorat: Jörg Keller
Titelgestaltung und Layout: Klaus Kuisys
Lithografie: Helmut Gass Reprotechnik, Hamburg
Gesamtherstellung: Eurolitho S.r.l., Cesano Boscone (Milano)

ISBN 3-86132-243-9

Inhalt

Einführung

Es muß nicht immer mit einer aufwendigen Ausrüstung getaucht werden, um die unzähligen „Tricks im Riff“, die es im Meer zu bestaunen gibt, entdecken zu können: Viele in diesem Buch vorgestellten Verhaltensweisen der Meeresbewohner lassen sich auch gut von der Wasseroberfläche aus schnorchelnd beobachten. Ein Tauchgerät ist nicht unbedingt notwendig – manchmal ist es sogar sehr störend. Unerläßlich aber ist es, viel Zeit, sehr viel Zeit – und oft noch mehr Geduld – mitzubringen, wenn man die unterschiedlichsten Überlebensstrategien der Meeresbewohner beobachten möchte. Ob in der Schärenlandschaft der norwegischen Atlantikküste, an den Felsküsten irgendwo am Mittelmeer oder in der flachen Lagune eines der Bilderbuchatolle mitten in der Südsee: Überall sind die erstaunlichsten Tricks im Riff zu entdecken. Ideal sind alle die Gebiete, die über ein „Hausriff“ verfügen. An den Hausriffen sind Tauchgänge von eineinhalb bis zwei Stunden möglich, Zeit genug, um selbst die scheuesten Bewohner der deckungsarmen Sandflächen zu Gesicht zu bekommen. Oft sind es gerade die Küstenabschnitte, die unter Tauchern als „langweilig, uninteressant“ gehandelt werden, die mit Überraschungen aufwarten können. So wie beispielsweise der flache Sandstrand an der Ostküste der Vereinigten Arabischen Emirate (V.A.E.). Im Gegensatz zu den weiten, flachen Sandwüsten, die an der Nordküste der V.A.E. das Landschaftsbild über Wasser um die großen Städte Sharjah, Dubai oder Abu Dhabi prägen, verfügt die gebirgige Ostküste immer wieder über Abschnitte, bei denen die Felsen bis ans Meer heranreichen und sich auch unter Wasser fortsetzen. So auch bei Al Aqqa, einem kleinen Ort nördlich von Khor Fakkan. Von der gut ausgebauten Küsten-

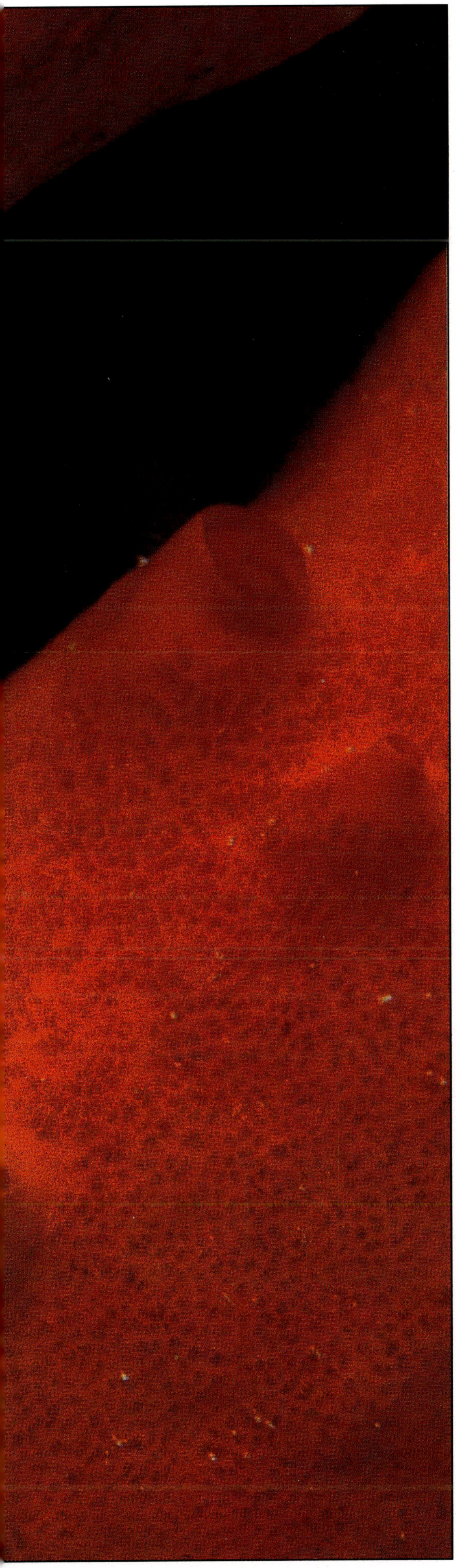

◁ *Die Pyjamaschnecke* (Chromodoris quadricolor) *ist vor allem auf dem Prachtfeuerschwamm* (Latrunculia magnifica) *anzutreffen. Sie lebt vom Schwammgewebe und nimmt dabei Stoffe auf, die sie für Feinde ungenießbar macht.*

△ *Sicherheit im Schwarm suchen die kleinen Glasbarsche* (Parapriacanthus sp.)*, die sich tagsüber in Höhlen und in tiefen Spalten des Riffs aufhalten.*

straße ist „Snoopy Island“ schon von weitem zu erkennen, ein kleiner, spitzer Felsen, der vor der Küste aus dem Wasser aufragt. Im flachen, gerade ein (!) bis sieben Meter tiefen Wasser finden hier vor allem die Unterwasserfotografen im Makrobereich ein an Motiven fast unerschöpfliches Biotop. Etwa 250 Meter vor der Küste erhebt sich Snoopy Island steil aus dem Wasser. Wie für die Küsten des Golf von Oman typisch, handelt es sich um ein Felsenriff, das teilweise mit Steinkorallenkolonien besetzt ist. Ob Schmetterlingsfische, Drücker, Drachenköpfe, Rotfeuer-, Clown- oder Soldatenfische, hier trifft man zwischen den Felsen auf die vielen typischen Arten der indopazifischen Korallenriff-Fauna. Um zu Snoopy Island zu kommen, muß man vom weitläufigen Hotelstrand etwa 250 Meter über flachen Sandgrund schwimmen. Diese wenig strukturierte Sandfläche, kaum ein, zwei Meter unter der Wasseroberfläche gelegen, ist voller Überraschungen. Große Schmetterlingsrochen, furchterregende Krokodilsschlangenaale, Quallen, die nicht im freien Wasser treiben, sondern auf dem Meeresboden herumkriechen, und kleine Krebse, die in einer engen Partnerschaft mit Grundeln ihre Möglichkeit gefunden haben, in diesem Biotop zu überleben, sind einige ihrer Bewohner.

Um in der deckungsarmen Welt der weiten Sand- und Schlickflächen überleben zu können, heißt die Devise vieler Tiere: Nur nicht auffallen! Plakative Farben, auffallende Zeichnungen – wie sie im Korallenriff bei vielen Fischarten und Wirbellosen typisch sind, sind hier fehl am Platz. Ist man erst einmal von einem gefährlichen Raubfeind entdeckt worden, ist es meist schon zu spät. Deshalb lautet die Überlebensstrategie vieler Sandbewohner: Nicht gesehen werden heißt, nicht gefressen werden! Zu den gefräßigsten Räubern der küstennahen Sandflächen im Golf von Oman zählen ohne Zweifel die großen Krokodilsschlangenaale (Brachysomophis cirrocheilos). Diese schaurig-schöne Art ist mit ihren typisch ausgefransten Lippen kaum zu verwechseln. Von den Krokodilsschlangenaalen schaut meist nur die vorder-

Rotfeuerfische wie dieser Indische Rotfeuerfisch (Pterois volitans) *zählen zu den „giftigen Schönheiten“ tropischer Korallenriffe. An den Spitzen fast aller ihrer kräftigen Flossenstrahlen sind Giftdrüsen paarig angeordnet.* ▷

△ *Die auffallend gefärbten Anemonenfische sind im Tentakelwald stark nesselnder Seeanemonen vor den vielen Räubern im Riff sicher.*

ste Kopfpartie bis zu den großen, kreisrunden Augen aus dem Sandboden hervor.

Ein alter Autoreifen mitten auf dem Sand im eineinhalb Meter flachen Wasser hatte es im wahrsten Sinne des Wortes „in sich": Es waren Korallenwelse, die hier ihren Unterschlupf gefunden hatten. Ein großer Schwarm dieser giftigen Fische nutzte den Reifen als Tagesversteck.

Für die meisten Sporttaucher sind die Hausriffe Tauchgebiete zweiter Wahl: Wenn das Wetter zu stürmisch ist, um spektakuläre Plätze anfahren zu können, begnügt man sich mit dem Riff „direkt vor der Tür". Doch das Hausriff bietet Vorteile, die nicht nur die Unterwasserfotografen zu schätzen wissen. Dies gilt für die Korallenriffe im Indischen Ozean wie für die „Zaubergärten" der Karibik. Sicher, wer es auf spektakuläre Begegnungen mit Großfischen abgesehen hat, wer unbedingt Haie, Teufelsrochen und Goldmakrelen vor die Kamera bekommen will, den zieht es Tag für Tag hinaus zu den weit draußen im offenen Wasser gelegenen Tauchplätzen, an denen vielleicht eine Gruppe von Delphinen oder ein Walhai auftaucht. Die Unterwasserlandschaft direkt an der Hotelinsel, nur wenige Flossenschläge vom Strand entfernt, ist zwar allgemein nicht so abenteuerlich, doch das so vielfältige Leben im Riff läßt auch hier kaum Wünsche offen. Zackenbarsche scheinen um die Wette ihr Maul aufzureißen, wenn es darum geht, die kleinen Putzergarnelen bei ihrer Arbeit zu unterstützen. Und wo, wenn nicht am Hausriff, hat man – und nimmt man sich – die Zeit, zwanzig, dreißig Minuten dem Treiben bei einer Putzerstation zuzusehen, zu beobachten, wie die unterschiedlichsten Fische kommen und gehen, wie sie geduldig warten, bis sie an der Reihe sind, um von den unermüdlichen Garnelen geputzt zu werden. Da sind 50 Minuten in 15 Meter Tiefe schnell um – ein ganzer Tauchgang „nur" für das Beobachten einer einzigen Putzerstation. Doch wer beobachten will, wie die kleinen Putzer sich zwischen die Kiemen der Fische zwängen, wie die Putzerkunden dabei ihre Kiemendeckel weit abstellen, um die kleinen Krabbelmeister bei ihrer Arbeit aktiv zu unterstützen, der muß schon (viel) Zeit und Geduld haben, länger an einer Stelle verweilen zu können. Nicht anders steht es um das Beobachten der äußerst scheuen Röhrenaale. Diese bizarren, bleistiftdünnen Fische, die senkrecht aus ihrer Wohnröhre herausschauen, ziehen sich bei der geringsten Störung in den Sandgrund zurück und lassen sich so schnell nicht mehr blicken. Wer mehr als nur einen flüchtigen Eindruck der sich bei Annäherung schnell zurückziehenden Röhrenaale bekommen will, der muß viel Zeit investieren.

▽ *Die kleine Weißkäppchen Garnelengrundel* (Lotilia graciliosa) *lebt in enger Partnerschaft mit einem Pistolenkrebs. Mit seinen langen Antennen hält der Krebs (fast immer) Körperkontakt zur Grundel.*

Wer öfters am Hausriff taucht, der hat bald herausgefunden, in welchen Verstecken im Riff die nachtaktiven Fische und Wirbellosen den Tag „verschlafen". Bei Tauchgängen in gewohnter Umgebung – oft in nur fünf, sechs Meter Tiefe, mit Tauchzeiten von 90 bis 120 Minuten (!) – ist es möglich, sich intensiv mit kleinen Bereichen im Riff zu beschäftigen. Ob Seescheiden, Zackenaustern oder Röhrenwürmer, die artenreiche Tierwelt der Wirbellosen, die im Riff überall in geradezu atemberaubender Artenfülle vorhanden ist, hält manche Überraschung bereit.

Oft bieten Tiere einer Vielzahl anderer Meeresbewohner ein sicheres Versteck. Ein bekanntes Beispiel hierfür sind die Haarsterne, auf und zwischen deren gefiederten Armen Garnelen, Würmer und Fische leben. Um diese Lebensgemeinschaften zu entdecken, muß man solch einen Stachelhäuter schon ganz genau betrachten. Selbst größere Untermieter wie die Geisterpfeifenfische sind – wenn überhaupt – erst beim zweiten, dritten Hinschauen zwischen den vielen Armen des Federsterns zu entdecken. Was einen etwa sechs bis acht Zentimeter kleinen Geisterpfeifenfisch wie einen Arm unter vielen aussehen läßt, ist vor allem seine Verhaltens-, seine Schwimmweise: Er steht nahezu senk-

recht im Wasser – mit dem Kopf nach unten – und driftet so langsam durch den Haarsternwald.

Typisch für die Karibik sind riesige Becher-, Tonnen- und Röhrenschwämme. Nirgendwo sonst auf der Welt sind sie so dominierend wie hier. Die oft meterhohen, weit ausladenden Schwämme sind mit ihrem reichen „Innenleben" ein Mikrokosmos für sich: In den Schwämmen leben nicht nur kleine Fische, sondern auch viele Wirbellose. So verbergen sich Schlangensterne tagsüber vor ihren Raubfeinden in den tiefen Röhren der Schwämme und kommen nur nachts hervor. Die meisten Fische gehen schlafen, wenn es dunkel wird. Die Nacht gehört den Wirbellosen, den Stachelhäutern ebenso wie den vielen bunten Krebsen, von denen man tagsüber nur wenige zu sehen bekommt. Auch die winzigen Polypen der Steinkorallen, die Baumeister der riesigen Korallenriffe, werden erst nach Einbruch der Dunkelheit munter, wenn sie ihre filigranen Tentakel zum Planktonfang ins Wasser strecken.

Riffe sind das Eldorado der Sporttaucher. Dieses gilt gleichermaßen für die Felsenriffe des Mittelmeeres wie für die Korallenriffe der tropischen Meere. Aber auch die Küstengebiete Irlands, Norwegens oder Britisch-Kolumbiens, typische Kaltwassertauchgebiete, haben ihren eigenen Reiz. Wer hier einen Blick unter Wasser riskiert, der wird schnell gefangen von dem artenreichen Biotop, das sich unmittelbar vor seinen Augen auftut. Was die Unterwasserwelt so einzigartig macht, ist die Tatsache, daß die Meerestiere – egal ob Fische oder Wirbellose – ihr natürliches Verhalten zeigen, gerade einen halben oder einen Meter von uns entfernt.

Manche mögen's kalt. Ob an den Küsten von Helgoland, in der Irischen See, rund um Schottland oder an der wildzerklüfteten

△ *Auf den freien Sandflächen führen viele Bewohner – Jäger wie Gejagte – ein Leben im Verborgenen. Von den meist nachtaktiven Schlangenaalen* (Familie Ophichthidae) *ist oft nur der Kopf zu sehen.*

△ *In den Tangwäldern der kalten Gewässer – wie hier an der Küste Helgolands – lebt eine Vielzahl von Wirbellosen und Fischen.*

Fjordlandschaft Norwegens, die betauchten Kaltwassergebiete zeigen unter Wasser große Ähnlichkeiten. Das gilt auch für die nordamerikanische Atlantikküste von Neufundland über Nova Scotia und Maine bis Cape Cod: In den oberen fünfzehn Meter wachsen meist weitflächig Laminarienwälder. Diese Tangwälder sind ein idealer Lebensraum für eine Vielzahl von Fischen und Wirbellosen.

Im Reich des Trollhummers – Tauchen an der norwegischen Westküste: In Tiefen zwischen 0 und 20 Meter sind die unterschiedlichsten Biotope, die der Flachwasserbereich des Nordatlantiks zu bieten hat, anzutreffen: flache, schlammige „Sandflächen" ebenso wie Tangwälder oder strömungsexponierte Felswände.

Ganz langsam – im wahrsten Sinne des Wortes im Schneckentempo – bewegt sich eine poppig-violett gefärbte Fadenschnecke über den mit Algen und Hydrozoen bewachsenen Felsen zwischen den großen Laminarienpflanzen. „Auffallen um jeden Preis" ist die Überlebensstrategie vieler Nacktschnecken. Das Farbkleid dieser Schnecken hat, darüber sind sich die Meeresbiologen einig, eine Warnfunktion: „Vorsicht, nicht fressen, ich bin ungenießbar" ist das optische Signal, das die Nacktschnecken mit ihrem Farbkleid ständig mit sich herumtragen. Die Warnung wird von den möglichen Raubfeinden gut verstanden. Die Nacktschnecken, auf jeden Fall viele von ihnen, sind äußerst raffiniert. Sie klauen – im wahrsten Sinne des Wortes – den chemischen Freßschutz von ihrer Beute.

Nicht alles, was so aussieht wie eine Nacktschnecke, ist auch eine Nacktschnecke (Ordnung Nudibranchia). Verwechslungen mit anderen Tieren, vor allem mit den näher verwandten Flankenkiemerschnecken (Pleurobranchia) und den Seehasen (Aplysia) sind nicht selten. Auch Plattwürmer werden immer wieder für Nacktschnecken gehalten. Einer der Gründe für die häufigen Verwechslungen ist sicher die Formen-, Farben- und Artenvielfalt der Nacktschnecken. Das macht oftmals eine schnelle Zuordnung alles andere als einfach.

Große Seeteufel (Lophius piscatorius) mit ihrem grimmigen Äußeren liegen tagelang gut getarnt an derselben Stelle und warten auf Beutefische. „Breitmaul" wird der Seeteufel auf norwegisch genannt – wegen seines riesigen Mauls. Er zählt zu den gefräßigsten Räubern, im flachen Wasser ebenso wie in den Tiefen des Nordostatlantiks und der Nordsee.

Auch einige Trollhummer haben in den tiefen Spalten der Felswände dicht unter der Oberfläche ihr Versteck. Der Trollhummer ist ein großer, prächtig gefärbter Furchenkrebs (Galathea strigosa, im Deutschen: „Gestreifter Furchenkrebs"). Sein Lebensraum sind die engen Spalten und Felsnischen, aus denen meist nur die knallroten Ränder seiner Scheren leuchten und seine Anwesenheit verraten. Er ist ein ziemlich scheuer Geselle, der sich sofort tief in die Spalten zurückzieht, sobald er sich gestört fühlt. Obwohl sein flacher Körper kaum länger als sechs Zentimeter wird, macht der Trollhummer mit seinen zwei schlanken, lang ausgezogenen Scherenfüßen einen stattlichen Eindruck. Erst das Licht der Unterwasserlampe bringt die herrliche Färbung dieses nachtaktiven Krebses voll zur Geltung: Sein rotbrauner Körper ist von leuchtend blauen Streifen überzogen, die Scheren enden in knallroten Spitzen.

Bei den häufig betauchten Kaltwassergebieten im Nordatlantik steigt im Sommer die Wassertemperatur kurzzeitig auf etwa 16 Grad, während sie in den Wintermonaten bis auf knapp über null Grad sinkt. Auch wenn in geschützten Küstenabschnitten unmittelbar an der Wasseroberfläche im Hochsommer „Bade"temperaturen von 18 bis 20 Grad erreicht werden, ist es doch ratsam, sich in diesen Gebieten zum Tauchen „trocken" anzuziehen: Meist fällt die Temperatur bereits in geringer Tiefe auf zehn

Grad oder darunter ab. Wer etwas mehr als nur einen flüchtigen, kurzen Überblick vom Unterwasserbiotop erhalten will, muß sich also auch im Hochsommer warm anziehen.

Während an der europäischen Atlantikküste die Wirbellosenfauna besonders artenreich und oft auch recht farbenprächtig ist, zeigt sie sich an den Küsten Ostkanadas deutlich artenärmer. Der Labradorstrom, der kaltes arktisches Wasser auf seinem Weg entlang der kanadischen Atlantikküste nach Süden mit sich führt, schirmt sie vom warmen Wasser des Golfstroms ab. So ist es zu erklären, daß die marine Fauna um Nova Scotia, der kanadischen Provinz unmittelbar südlich von Neufundland, durch Vertreter der arktischen und subarktischen Meeresfauna charakterisiert wird – und das, obwohl Nova Scotia nahezu auf demselben Breitengrad liegt wie die französische Mittelmeerküste. Das kalte Schelf- und Kontinentalhangwasser, das die kanadische Küste entlang nach Süden fließt, drängt den Golfstrom südlich der Neufundlandbank nach Osten auf den offenen Atlantik hinaus ab. So ist es kein Wunder, daß die Unterwasserflora und -fauna der kanadischen Ostküste südlich von Neufundland eine gewisse Ähnlichkeit zeigt mit der Flora und Fauna der kalten nordeuropäischen Atlantikküste, wie wir sie von Nordschottland oder Norwegen her kennen.

Gerade bei den Wirbellosen ist zu erkennen, daß in den kälteren Gewässern die Artenvielfalt stark abnimmt, dafür aber einige Arten oft in großer bis sehr großer Dichte auftreten. Bei den wenigen Stachelhäuter-Arten, die man um Nova Scotia herum antrifft, kommen der bis acht Zentimeter große Grüne Seeigel (Stronglyocentrotus droebachiensis) ebenso wie der Nördliche Seestern (Asterias vulgaris) oft in riesiger Individuenzahl vor.

Wo immer man auch einen Blick unter die Meeresoberfläche wagt, überall gibt es etwas zu entdecken. Das Thema „Tricks im Riff" zeigt sich in den einzelnen Biotopen in seinen unterschiedlichsten Variationen. Einige davon – eine willkürliche Auswahl – sind in diesem Buch kaleidoskopartig herausgegriffen.

Hamburg, November 97
Peter Nahke

◁ *Eine Tauchausrüstung ist nicht unbedingt erforderlich, um die „Tricks im Riff" zu beobachten. Vor allem im glasklaren, warmen Wasser der tropischen Korallenriffe sind die Bedingungen zum Schnorcheln optimal.*

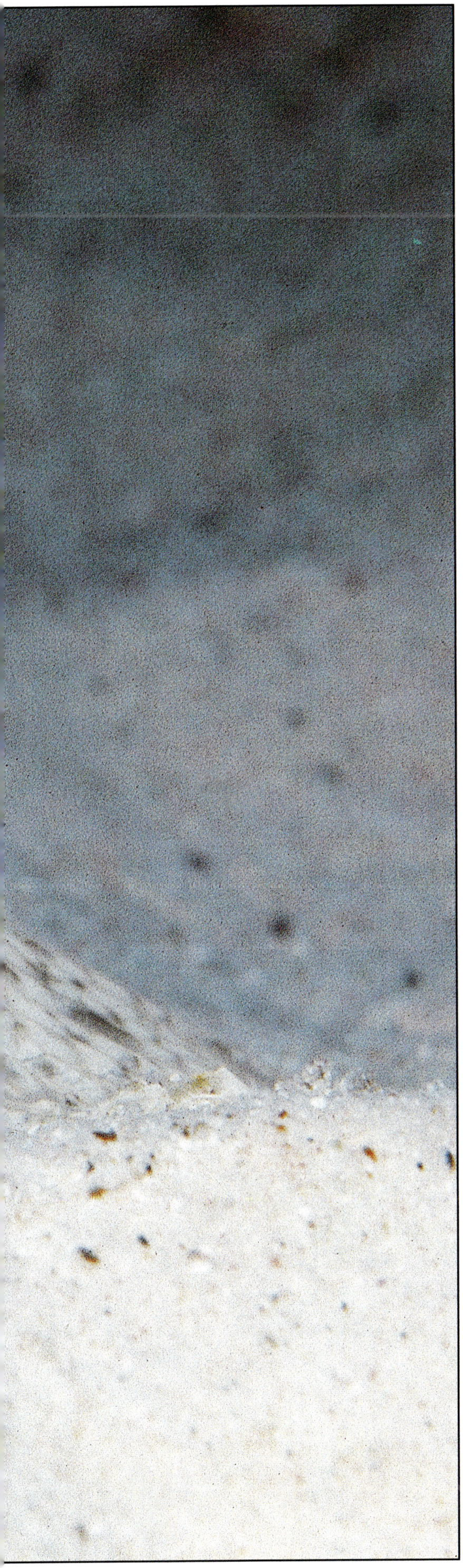

Die (Sand-) Wüste lebt

Für viele Bewohner deckungsarmer Lebensräume wäre eine Tarnkappe, die sie unsichtbar machen würde, die optimale Überlebensstrategie. In den flachen Küstenbereichen, in denen es tagsüber unter Wasser fast ebenso hell ist wie an Land, haben es die Tiere der Schlamm- und Sandböden besonders schwer, sich so unsichtbar wie möglich zu machen. Daß es ihnen aber doch in immer wieder verblüffender Weise gelingt, fast völlig mit ihrer Umgebung zu verschmelzen, ist auf verschiedene Anpassungen dieser Tiere an ihren Lebensraum zurückzuführen.

Von den Krokodils-Schlangenaalen ▷ (Brachysomophis cirrocheilos) *schaut meist nur die vorderste Kopfpartie aus dem Sandboden hervor. Sie sind nachtaktive Räuber.*

◁ *Zu den Meistern der Anpassung an ihre jeweilige Umgebung zählen die Plattfische wie dieser Pfauenbutt* (Bothus lunatus), *der in der Karibik weit verbreitet ist.*

Sepien wie der ▷ *Gemeine Tintenfisch* (Sepia officinalis) *aus dem Ostatlantik lauern, gut getarnt und halb im lockeren Boden eingegraben, auf Beute.*

◁ *Der Krokodils-Schlangenaal* (Brachysomophis cirrocheilos) *aus dem Golf von Oman hat einen extrem gedrungenen Körper, der leicht Oberarmdicke erreicht.*

Bei diesem Butt ▷ *ist eine verräterische Körper-Umrißlinie selbst aus nächster Nähe kaum noch zu erkennen: Größere Hautfransen lösen die Körperlinie auch im Kopfbereich nahezu perfekt auf.*

◁ *Ein Schlangenaal zieht sich rückwärts in den Sand zurück, da er sich vom Fotografen gestört fühlt.*

△ *Auch die räuberischen Eidechsenfische (Familie* Synodontidae) *zählen zu den Bodenfischen, die sich zeitweise fast vollständig in den Sandboden eingraben.*

◁ *Der kräftige, bis 1,25 Meter lange Schwarzpunkt-Schlangenaal* (Ophichthus ophis) *lebt im tropischen West- und Ostatlantik.*

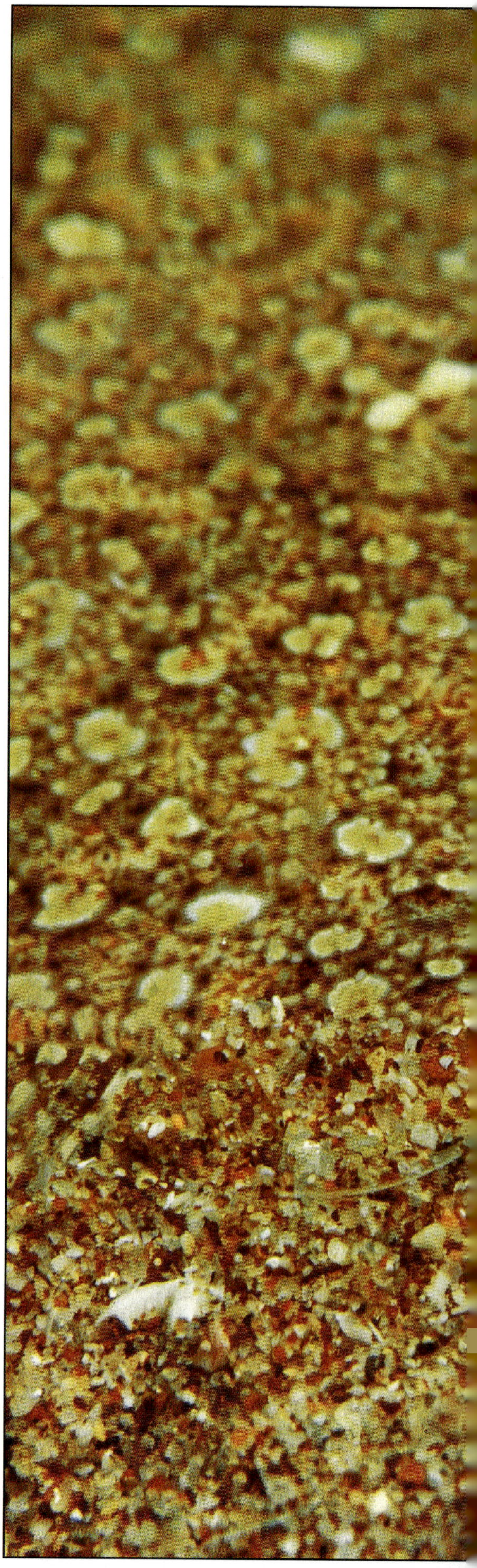

Wo Licht ist, ist auch Schatten. Ein Schlagschatten verrät selbst dann einen Gegenstand wie einen Fischkörper, wenn er genau dieselbe Färbung aufweist wie der Boden, auf dem der Fisch liegt. Wie aber einen Schlagschatten verhindern? Dies gelingt dann, wenn der Schatten durch seitliche Abflachung des Fischkörpers mehr oder weniger vollständig aufgehoben wird. So haben Fischarten aus den verschiedensten Familien, Knorpel- und Knochenfische wie Rochen, Haie, Butte, Seezungen, Seeteufel oder Krokodilsfische, einen möglichst flach auslaufenden Körperrand.

◁ *Auf den Schlick- und Geröllböden an der nördlichen Küste des Ostatlantiks und des Mittelmeers lauert der Seeteufel* (Lophius piscatorius), *der mit einer Körperlänge von bis zu zwei Meter zu den ganz großen Fischen der küstennahen Gewässer gehört.*

Die schattenmildernde bis schattenaufhebende Verbreiterung des Tierkörpers ist im gesamten Tierreich über wie unter Wasser bei den unterschiedlichsten Arten zu finden. Die Zoologen nennen diese Art der Tarnung „Gestaltauflösung durch Aufhebung der plastischen Wirkung“.

Die abgeflachte Körperform ist eine wichtige Voraussetzung, um eine deutliche Schattenbildung zu vermeiden. Ein weiteres Problem der auf dem Boden liegenden Fische ist es, schattenbildende Kanten aufzulösen. Gelingt ihnen das nicht, ist der Umriß des Fisches als mehr oder weniger deutliche Linie zu sehen. Um dieses wirkungsvoll zu verhindern, stehen dem Tier mehrere Möglichkeiten offen. Eine verräterische Schattenbildung am Übergang zwischen Tierkörper und Boden läßt sich praktisch vollständig verhindern, wenn die Flossensäume unter dem Sandboden ver-

△ *Oft bleiben die Seeteufel mehrere Tage regungslos an derselben Stelle liegen. Als „Angler“ locken sie vorbeischwimmende Beutefische aktiv an.*

schwinden. Diese Möglichkeit der Tarnung wird nicht nur von Fischen wie den großen Rochen genutzt, sondern beispielsweise auch von Wirbellosen wie den Sepien, die auf dem Schlamm- und Sandboden geduldig ihrer Beute auflauern. Eine weitere Möglichkeit ist es, scharfe Körperränder durch Fransenbildung aufzulösen. Diese Funktion der Gestaltsauflösung durch Hautlappen ist bei den Skorpionsfischen (Familie *Scorpaenidae*) und den Groppen (Familie *Cottidae*) besonders ausgeprägt. Aber auch die Flossensäume vieler Plattfische sind so stark ausgefranst, daß dadurch eine (fast) vollständige optische Auflösung des Umrisses des Fischkörpers erreicht wird. Räuber und Gejagte, die in Färbung und Musterung der Umgebung gleichen und es geschafft haben, im Kampf mit dem Schatten durch die oben beschriebenen Möglichkeiten zu bestehen, sind optisch für die anderen Lebewesen in ihrem Lebensraum kaum noch zu entdecken.

△ *Eine kleine Rippenqualle kriecht über den Sandgrund des Golfs von Oman.*

Typische Fische der Sand- und Schlickflächen sind neben den Seezungen und Butten die Schermesserfische, Meerbarben, Knurrhähne, Petermännchen, Himmelsgucker, Stech- und Zitterrochen sowie die Sand-, Schlangen- und Röhrenaale.

△ *Mit seinen beiden großen Facettenaugen beobachtet ein Fangschreckenkrebs (Gattung* Lysiosquilla*) die Umgebung seiner Wohnröhre.*

Fische der freien Sandflächen haben ganz unterschiedliche Fluchtverhalten entwickelt: Entweder ziehen sie sich – wie die Röhrenaale – blitzschnell in tiefe Röhren im Sandboden zurück, oder sie tauchen einfach ein in den lockeren Boden, über dem sie sich gerade aufhalten. So verschwinden die kleinen Schermesserfische aus dem Gesichtsfeld ihrer möglichen Angreifer. Diese zur Familie der Lippfische (*Labridae*) zählenden Arten sind an ihrem sehr steilen Kopfprofil leicht zu erkennen. Einzige Art im Mittelmeer und im Ostatlantik, von der westafrikanischen Küste bis zur Biskaya, ist der Schermesserfisch (*Xyrichthys novacula*). Diese hochrückigen, seitlich abgeflachten Fische werden bis zu

Schermesserfische ▷ *wie diese karibische Art* (Xyrichthys martinicensis) *sind typische Sandbewohner, die bei Gefahr kopfüber in den lockeren Sandgrund eintauchen.*

Viele Wirbellose ▷ wie dieser Kammseestern führen ein Leben im Verborgenen unmittelbar unter dem Meeresboden, aus dem sie nur selten auftauchen.

△ Meist kommen die Kammseesterne nachts hervor, wenn sie auf Nahrungssuche gehen. Fühlen sie sich gestört, verschwinden sie in wenigen Sekunden vollständig im Sand.

25 Zentimeter lang. Die in Stirnnähe liegenden Augen sind relativ klein, ebenso das Maul. Die leicht nach vorne gebogenen vorderen Zähne sind sehr scharf, die hinteren dagegen sind Mahlzähne. Schermesserfische fressen Schnecken, Muscheln, kleine Krebse und auch Stachelhäuter. Fühlen Schermesserfische sich bedroht, sind sie blitzschnell verschwunden, buchstäblich vom Meeresboden verschluckt. Sie tauchen bei Gefahr kopfüber in den lockeren Sandgrund ein.

Der Seeteufel (Familie *Lophiidae*) ist ein gefräßiger Räuber, der gut getarnt regungslos auf Beute lauert, im Mittelmeer ebenso wie an der Fjordküste Norwegens. Vor allem kleinere Fische, die über dem Sandgrund nach Freßbarem suchen, müssen auf der Hut sein: Kommen sie einem Seeteufel (*Lophius piscatorius*) zu nahe, ist es um sie geschehen. Der erste Rückenflossenstrahl ist bei den Seeteufeln zu einer regelrechten Angelrute umfunktioniert. Kommt ein möglicher Beutefisch in die Nähe eines Seeteufels, beginnt dieser, seine Angel weit nach vorne „auszuwerfen“. Die Beute muß dem bewegungslos lauernden Räuber allerdings direkt vor das Maul schwimmen, sonst hat er keine Chance. Erst wenn das ahnungslose Opfer bis auf einen Abstand

◁ *Die Oliven-schnecken (Familie* Olividae*) halten sich tagsüber meist verborgen unter dem Sand in der Strandzone wärmerer Meere auf und kommen erst nachts hervor.*

△ *Die Schnecken ernähren sich von toten Fischen, Muscheln und Krebsen.*

◁ *Diese Borstenwürmer* (Lygdamis murata) *leben in Röhren. Bei einer Störung ziehen sie ihre hörnerähnlichen Tentakel schnell zurück.*

▽ *Pilgermuscheln fliehen vor Feinden durch kräftiges Zusammenschlagen ihrer beiden Muschelschalen.*

von etwa zwei Drittel der Körpergröße des Seeteufels herangekommen ist, kann dieser zuschlagen, funktioniert seine „Saugfalle“: Durch das plötzliche Aufreißen des großen Mauls entsteht im Mund- /Kiemenraum des „Breitmauls“ ein Unterdruck gegenüber der Umgebung, und Wasser mitsamt der Beute wird in das weit geöffnete Maul des Räubers gesogen. Um Beute machen zu können, muß der Seeteufel so gut getarnt sein, daß er von vorbeischwimmenden Fischen nicht erkannt wird. So liegt er – platt wie eine Flunder – auf dem Meeresboden und wartet, daß ihm etwas Freßbares direkt vor das Maul schwimmt. Er ist ein geduldiger

Knurrhähne ▷ (Trigloporus lastoviza) *tasten mit ihren fingerähnlichen Brustflossenstrahlen den Sandboden nach Freßbarem ab.*

▽ *Bei Gefahr stellen sie die Rückenflossen auf und breiten die leuchtend blau gesäumten Brustflossen aus.*

Räuber, der lange, sehr lange (mehrere Tage) unbeweglich an derselben Stelle liegen kann. Seine verräterische Maulspalte wird als Linie von unzähligen fransenartigen Hautausstülpungen aufgelöst. Die großen Augen werden durch den Lidaufbau, der erst aus allernächster Nähe seine feinsten Strukturen offenbart, getarnt. Der breite, seitlich abgeflachte Körper mit dem breiten Kopf und den fächerartigen Brustflossen liegt unmittelbar auf dem Boden auf, und größere Hautfransen verdecken die Körperumrißlinien. Perfekt ist seine Tarnung – doch nicht perfekt genug, um alle kleinen Fische zu überlisten, die in unmittelbarer Nähe im Boden nach Freßbarem „grundeln".

△ *Der prächtig gefärbte Blaupunktrochen* (Taeniura lymma) *aus dem Indischen Ozean ist oft fast vollständig im Sand eingegraben. Er gehört zur Familie der giftigen Stechrochen (Dasyatidae).*

Die Petermännchen (Familie *Trachinidae*) zählen als aktiv giftige Fische zu den gefährlichen Meerestieren: Jeder Stachelstrahl ihrer kleinen ersten Rückenflosse sowie die beiden Kiemendeckeldornen besitzen Giftdrüsen. Die Petermännchen liegen meist im Sand eingegraben; nur das Maul, die Augen und die erste Rückenflosse sind dann noch von den lauernden Räubern sichtbar. In dieser Stellung warten sie ab, bis sich ein Beutetier, ein Krebs oder ein kleinerer Fisch, ihrer Reichweite genähert hat. Dann schnellen sie blitzschnell hoch und schnappen das überraschte Opfer, das sie im ganzen verschlingen.

Fühlen sich die Petermännchen bedroht, stellen sie ihre erste Rückenflosse auf. Das macht Sinn, ist doch jeder einzelne Stachelstrahl dieser Flosse eine wirkungsvolle Giftwaffe. Beim Aufstellen dieser wehrhaften Rückenflosse wird ein schwarzer Fleck deutlich sichtbar, eine zusätzliche optische Warnung an einen vermeintlichen Angreifer. Und dieses abschreckende Signal haben sich einige Plattfische abgeguckt: Sie warnen mit einem ähnlichen kleinen dunklen Fleck auf der Brustflosse: Kommt man einem Leoparden-Butt zu nahe, stellt dieser seine kleine Brustflosse auf, die bei den Plattfischen hinter den Augen, mitten auf dem „Rücken" liegt.

Im lockeren Sandboden führen viele Wirbellose wie Muscheln, Würmer, Seeigel und Krebse ein Leben im verborgenen.

◁ *Von den bis über 2,5 Meter breiten Arabischen Falterrochen* (Gymnura poecilura) *ist meist nur der Körperumriß zu erahnen. Die beiden dunklen Punkte sind die dicht hinter den Augen liegenden Spritzlöcher des Rochens.*

Mit ihren breiten Scheren können Schamkrabben wie diese Kleingepunktete Schamkrabbe (Cycloes cristata) *selbst dickschalige Schneckengehäuse knacken. Meist haben sich diese Krabben im Sandboden eingegraben,...* ▷

△ *...so daß von diesen gut gepanzerten Krebstieren nur noch die beiden Augen aus dem Sand herausschauen. Vor allem vor den Sepien müssen die Schamkrabben auf der Hut sein.*

Besonders nährstoffreich ist die Oberfläche des Meeresbodens: Hier liefert das Wasser ständig Nachschub an lebensnotwendigem Sauerstoff. Alles, was an totem organischem Material im Wasser langsam nach unten sinkt, bleibt auf dem Meeresboden liegen. Kein Wunder, daß die ersten Millimeter unter dem Sand von besonders vielen Tieren besiedelt werden, oft auch von ganz kleinen. Der Tisch ist für die wenigen Fische, die sich darauf spezialisiert haben, alles Freßbare aus dem Sand herauszufiltern, reich gedeckt. Diese Fische fressen sich regelrecht durch den Sand. Besonders eindrucksvoll ist das bei großen Meerbarben zu beobachten, die mit langen Barteln, ihren empfindlichen Sinnesorganen, den Boden nach Freßbarem abtasten. Doch die Meerbarben tropischer Riffgebiete müssen bei ihren Nahrungsstreifzügen auf der Hut sein vor den großen Krokodils-Schlangenaalen (Gattung *Brachysomophis*): Diese Tiere sind im ganz flachen Wasser (ab etwa 30 Zentimeter Wassertiefe) der Küsten des Indischen Ozeans recht häufig. Es sind gedrungen gebaute Fische, die durch ihr grimmiges Aussehen kaum zu verwechseln sind. Ob es sich um den Krokodils-Schlangenaal an den Küsten von Oman (*Brachysomophis cirrocheilos*), bei den Malediven (*Brachysomophis crocodilinus*) oder vor Mikronesien (*Brachysomophis sauropis*) handelt, die stumpfe Schnauzenpartie dieser Fische mit ihren typisch ausgefransten Lippen ist schaurig-schön. Von den Krokodils-Schlangenaalen schaut meist nur die vorderste Kopfpartie aus dem Sandboden heraus. Diese bis 120 Zentimeter langen Arten mit einem extrem kräftigen, gedrungenen Körper, der leicht Oberarmdicke erreicht, gelten als gefräßige Räuber, die Jagd auf Fische und Kopffüßer machen. Hat der Schlangenaal erst einmal seine Beute gepackt, gibt es für das Opfer kein Entrinnen. Die vielen nadelspitzen Zähne, mit denen die Kiefer der Krokodils-

Schlangenaale besetzt sind, halten die glitschigste Beute sicher im Griff. So ist es kein Wunder, daß diese Arten auch erfolgreich Jagd auf Kraken machen. Zum Beutespektrum der Krokodils-Schlangenaale zählen auch die extrem wachsamen Röhrenaale. Dabei sollen sich die Schlangenaale mit Erfolg unter dem Sandboden an die Röhrenaal-Kolonien heranpirschen.

Nicht nur Fische, auch Wirbellose machen auf dem Meeresboden Jagd auf andere Tiere. Zu diesen zählt der Rote Kammseestern (*Astropecten aurantiacus*). Er hält sich tagsüber meist im Grund verborgen. Erst nach Einbruch der Dunkelheit macht er sich auf Nahrungssuche. Dabei „gleitet" er erstaunlich schnell über den Sandboden. Der Kammseestern ist ein gefräßiger Räuber, der seine Beute, Muscheln und Schnecken, im ganzen verschlingt, mitsamt den Schalen.

Möglichst rasch aus dem Blickfeld der Verfolger zu verschwinden, das ist auch die Fluchtstrategie der Schamkrabben. Diese buddeln sich ganz schnell in den Boden ein, wenn sie sich bedroht fühlen. Schamkrabben verdanken ihren Namen einem auffallenden Verteidigungsverhalten: Werden sie überrascht und haben sie nicht mehr die Möglichkeit, rechtzeitig in den Untergrund zu verschwinden, heben sie ihre breiten, kräftigen Scheren vor das Gesicht, um so ihre empfindliche Kopfpartie zu schützen. Sie verdecken dabei ihr Gesicht, als ob sie sich schämen würden.

Die Scheren sind für die Krabben ein wichtiges Werkzeug, um an das Muschelfleisch zu kommen, von dem die Krebse leben. Die Schamkrabben setzen ihre Scheren wie „Dosenöffner" ein, um die Festung der Muschelschalen aufzuknacken und so an das schmackhafte Fleisch zu gelangen.

△ *Spuren im Sand: Vom Gemeinen Tintenfisch* (Sepia officinalis) *ist nur der Körperumriß zu erahnen. So lauert der Kopffüßer geduldig auf Krebstiere wie die Schamkrabben.*

◁ *Von der Wasserbewegung geripppelt ist der nur wenige Meter tiefe Sandgrund eines karibischen Korallenriffs, auf dem ein Butt, farblich perfekt der Umgebung angepaßt, ausruht.*

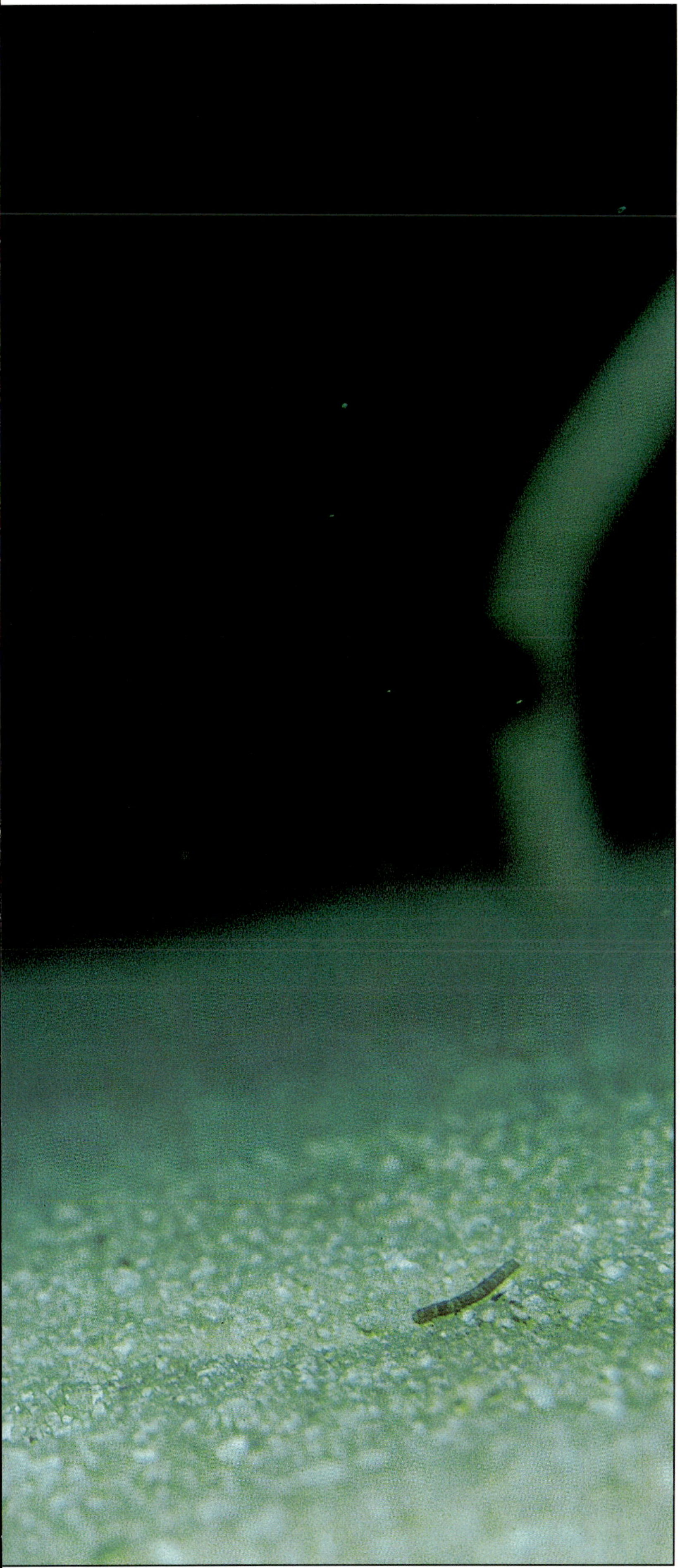

Blick aus der Röhre

Ob Würmer, Krebse oder Fische: Viele Meeresbewohner fühlen sich – zeitweise oder immer – nur in einer, in ihrer Röhre sicher.

Zu den scheuesten Fischarten der freien Sandflächen gehören die Röhrenaale (Heteroconger hassi), *die sich bei der geringsten Störung tief in ihre enge Röhre zurückziehen.* ▷

◁ *Auch wenn sie beim Fressen gezielt nach den kleinen Tieren des Zooplanktons schnappen, verlassen die tagaktiven, bleistiftdünnen Röhrenaale nie ihre Wohnröhre.*

Die zwei Tentakelkronen des Bunten Spiralröhrenwurms (Spirobranchus giganteus) *sind blitzschnell verschwunden, wenn Gefahr droht.* ▷

Nie mehr herumlaufen müssen, um nach Freßbarem zu suchen! Der Fiederantennenkrebs, ein Einsiedlerkrebs aus den tropischen Breiten des Indo-Pazifiks (im Englischen treffend „Coral hermit crab" genannt) ist schon ein ganz besonderer Krebs: Er ist seßhaft geworden. Statt wie die anderen Einsiedlerkrebse durch das Riff zu streichen, hat er sich in einem Steinkorallenblock niedergelassen, statt der Nahrung hinterherzulaufen, läßt er sich das Fressen vom Wasser herantragen. Mit seinen beiden langen, fein gefiederten Antennen fängt der Krebs Plankton, das an seiner Behausung in Reichweite der Antennen vorbeidriftet. Es ist nicht einfach, diese winzigen Krebse zu entdecken, geschweige denn zu beobachten, denn der Fiederantennenkrebs (*Paguritta harmsi*) ist scheu. Er zieht sich sofort tief in seine ehemals von einem Wurm geschaffene Röhre zurück, wenn etwas Fremdes in seinem Gesichtskreis auftaucht. Mit seinen zwei Scheren schließt er die Röhrenöffnung wie mit einem Deckel ab. Und die Krebse sind, selbst wenn sie mit ihren kleinen Stielaugen und den Scheren aus ihrem sicheren Versteck herausschauen, mit einer Körpergröße von nicht einmal einem Zentimeter leicht zu übersehen.

Im Mittelmeer und im östlichen Atlantik weit verbreitet ist ein kleiner Einsiedler, der sich noch nicht ganz für eine seßhafte Lebensweise entscheiden konnte. Der Bunte Einsiedler (*Calcinus tubularis*) zeigt von Individuum zu Individuum eine unterschiedliche Vorliebe für Schneckenschalen oder Wurmröhren: Einige verhalten sich wie die anderen Einsiedler auch, schleppen immer ihr schützendes Schneckengehäuse mit sich herum. Andere dagegen haben das Schneckenhaus mit einem kleinen Loch im Felsen vertauscht. Sie haben leere Kalkröhren von Wurmschnecken oder von Kalkröhrenwürmern bezogen. Auch von Bohrmuscheln oder Bohrschwämmen geschaffene Löcher verschmähen diese kleinen bunten Krabbelmeister nicht.

Aber auch große, wehrhafte Krebse wie die Fangschreckenkrebse führen „ein Leben

Bei den Blenniiden wie diesem Mimikry-Kammzähner (Ecsenius gravieri) *sind leere Röhren, die von Würmern gebaut wurden, sehr begehrt.* ▷

▽ *Der Blaustreifen-Säbelzahnblenni* (Plagiotremus rhinorhynchus) *ist ein flinker Räuber, der kleine Stücke aus der Haut seiner Opfer reißt.*

◁ *Partnergrundeln sind im flachen Wasser tropischer Riffe häufig. Sie leben in weit verzweigten Röhren dicht unter dem Sandboden, die sie sich meist mit kleinen Krebsen teilen.*

Aufmerksam beobachtet der im ganz flachen Wasser des Arabischen Meeres weit verbreitete Sternaugen-Blenni (Escenius pulcher) *die Umgebung seiner Wohnröhre.* ▷

In einer tiefen, früher von Röhrenwürmern oder Bohrmuscheln bewohnten Röhre im Korallengestein fühlt sich der kleine Neonaugen-Blenni (Ecsenius midas) *sicher.* ▷

▽ *Festsitzende Einsiedler sind die winzigen Fiederantennenkrebse* (Paguritta harmsi) *der indo-pazifischen Korallenriffe.*

in der Röhre". Die Riesen unter den Fangschreckenkrebsen sind die Gepunkteten Fangschreckenkrebse (*Lysiosquilla maculata*), die eine Körperlänge von 40 Zentimeter erreichen. Diese Art gehört zu den „Speerern" unter den Fangschreckenkrebsen, die blitzschnell nach vorbeischwimmenden Fischen greifen. Fangschreckenkrebse orientieren sich vor allem optisch. Mit ihren großen, gestielten Facettenaugen schauen sie aus ihrer tief in den Sand gegrabenen Wohnröhre hervor und halten Ausschau nach einem passenden Beutefisch. Die hochentwickelten Augen ermöglichen den Krebsen ein ausgezeichnetes räumliches Sehen, unbedingte Voraussetzung für das erfolgreiche Ergreifen freischwimmender Fische, die ahnungslos in die Reichweite der beiden Fangbeine des Krebses gekommen sind.

△ *Ein kaum zentimetergroßer Bunter Einsiedler* (Calcinus tubularis) *aus dem gemäßigten Ostatlantik hat sich für ein „Leben in der Röhre" entschieden.*

Fische der freien Sandflächen haben ganz unterschiedliche Fluchtverhalten entwickelt: Entweder verschwinden sie in tiefen Röhren unter den Sandboden – oder sie tauchen einfach ein in den lockeren Boden, über dem sie sich gerade aufhalten. Für die erste Fluchtstrategie haben sich neben den Grundeln, die mit Krebsen ihre Röhre teilen, auch die bleistiftdünnen Röhrenaale (im Englischen „Garden eels") entschieden. Die 30 bis 50 Zentimeter langen, schlanken Fische, die zur Familie der Meeraale (*Congridae*) gehören, scheinen geradezu aus dem Meeresboden herauszuwachsen, wenn sie sich in der leichten Strömung wiegen und nach vorbeidriftendem Plankton schnappen. Dabei verlassen die Aale ihre senkrecht in den Boden gebaute Wohnröhre nie vollständig. Die Wand der Röhre wird mit einem Sekret, das die Aale aus einer speziellen Drüse an ihrer Schwanzspitze absondern, verfestigt, regelrecht verklebt. Diese tagaktiven Aale sind äußerst scheu. Sie zu beobachten, kostet viel Zeit und Geduld – und vor allem viel Luft. Droht den zierlichen Fischen, die im Deutschen auch „Spargelaale" genannt werden, Gefahr, ziehen sie sich in ihre enge Wohnröhre zurück. Man kann sich solch einer Aalkolonie, die mehrere hundert Tiere zählen mag, noch so vor-

◁ *Mit den beiden langen, fein gefiederten Antennen fischt der Fiederantennenkrebs* (Paguritta harmsi) *von seinem sicheren Wohnsitz aus nach vorbeidriftendem Plankton.*

Dicht an dicht ▷ haben die einzelnen Tiere einer karibischen Röhrenwurmkolonie ihre Filterkronen zum Fressen und zum Atmen entfaltet. Nahrungsbrocken, die in den gefiederten Tentakeln hängenbleiben, werden durch Wimpernschläge zur Mundöffnung des Wurmes transportiert. Es handelt sich um die Art Kolonialer Röhrenwurm (Bispira brunea).

△ *Der ebenfalls zu den Polychaeten zählende Großzangige Sandwurm* (Diopatra neopolitana) *aus dem Ostatlantik tastet mit langen Antennen die Umgebung seiner Röhre nach Freßbarem ab.*

sichtig nähern – eines nach dem anderen verschwindet im Boden. Das laute Atemgeräusch der Lungenautomaten scheint ihnen besonders suspekt zu sein. Sie können sich daran – wenigstens in der relativ kurzen Beobachtungsspanne eines Tauchganges – kaum gewöhnen.

Auch die Brunnenbauer (Familie *Opisthognathidae*) leben in selbstgegrabenen, senkrechten Röhren. Typisch für die verschiedenen Arten dieser Familie ist der schlanke Körper mit einem auffallend mächtigen Kopf und einem großen Maul. Die Brunnenbauer scheinen ständig damit beschäftigt zu sein, die Steinchen und Sandkörner, die in ihre Wohnröhre fallen, wieder herauszuschaffen. Die meisten Brunnenbauer fressen kleine Krebse und Fische, während der Gelbe Brunnenbauer (*Opisthognathus gilberti*) aus der Karibik nach Zooplankton schnappt.

Viele Würmer leben in teilweise kunstvoll gebauten Röhren. Zu den auffälligsten und schönsten Würmern zählt der in den Korallenriffen der tropischen Gewässer weit verbreitete Bunte Spiralröhrenwurm oder Christmas-tree-worm (*Spirobranchus giganteus*). Als kleine bunte Farbtupfer siedeln diese Borstenwürmer vor allem auf den großen Blöcken von Steinkorallen. So auffällig sie sind, so scheu sind sie: Bei der geringsten Störung ziehen sie sich blitzschnell in ihre Röhre zurück. Die Röhrenwürmer (Stamm: *Annelida*, Klasse: *Polychaeta*) leben als festsitzende Wirbellose in selbstgebauten Wohnröhren aus kalkhaltigem Material oder in elastischen Röhren, die mit einem schnell härtenden Schleim aus Sand und Muschelstücken vom Wurm geformt wurden. Die Röhrenwürmer, die so gar nicht in das Bild passen, das wir uns von Würmern machen, strecken aus ihrer Wohnröhre ein oder zwei Tentakelkronen. Mit diesen Tentakelkronen atmen und ernähren sich die Würmer. Die Tentakel bestehen aus fein gefiederten Strahlen, die sich schraubenförmig zur Tentakelkrone hin verjüngen. Dabei werden zum Nahrungserwerb die Tentakel reglos in die Strömung gehalten. Plankton und Detritus (totes organisches Material), das dabei in den Tentakeln hängen bleibt, wird durch Wimpernschläge zur Mundöffnung des Wurmes transportiert.

Unter vielen Blenniiden-Arten sind verlassene Bohrmuschellöcher als Laichplätze heiß umkämpft: Während der Fortpflanzungszeit besetzt ein Männchen solch ein kleines Loch im Felsen. Neugierig schaut der Fisch mit seinen großen Augen aus seiner Behausung heraus. Kommt ein Weibchen in Blicknähe, wird das Männchen unruhig. Ist seine Werbung erfolgreich, laicht das Weibchen am Boden des vom Männchen besetzten Bohrmuschellochs ab. Das Männchen betreibt Brutpflege, säubert regelmäßig das von ihm beschützte Gelege und sorgt durch ständiges Flossenfächeln für die Versorgung der Eier mit sauerstoffreichem Frischwasser. In der Karibik dienen die großen Röhrenschwämme dem „Schwamm-Blenni" als Laichplätze. Starksia nanodes, wie dieser Blenni mit wissenschaftlichem Namen heißt, ist nicht einmal so groß wie der kleine Finger unserer Hand. Tagsüber sieht man diesen pfiffigen Gesellen oft am Rand der Schwammröhre, während er dort – wie von einem sicheren Ausguck aus – die direkte Umgebung nach Freßbarem absucht. Bei der geringsten Störung flüchtet der Fisch in das Innere der Röhren. Es dauert einige Zeit, bis er sich dann wieder sehen läßt. Diese Schwammröhren sind ein ideales Versteck, das dem Fisch am Tag bei drohender Gefahr einen Unterschlupf und auch während der Nacht einen sicheren Schlafplatz bietet.

△ *Im Englischen heißt der Bunte Spiralröhrenwurm* (Spirobranchus giganteus) *treffend „Christmas-tree-worm". Als kleine bunte Farbtupfer siedeln diese Borstenwürmer häufig in großer Zahl auf Steinkorallen...*

◁ *...und ziehen bei der geringsten Störung blitzschnell ihre - je Wurm jeweils zwei - empfindlichen Filterkronen tief in eine Röhre zurück. Oft ist die Röhrenöffnung mit einer kräftigen Spitze versehen.*

Mikrokosmos

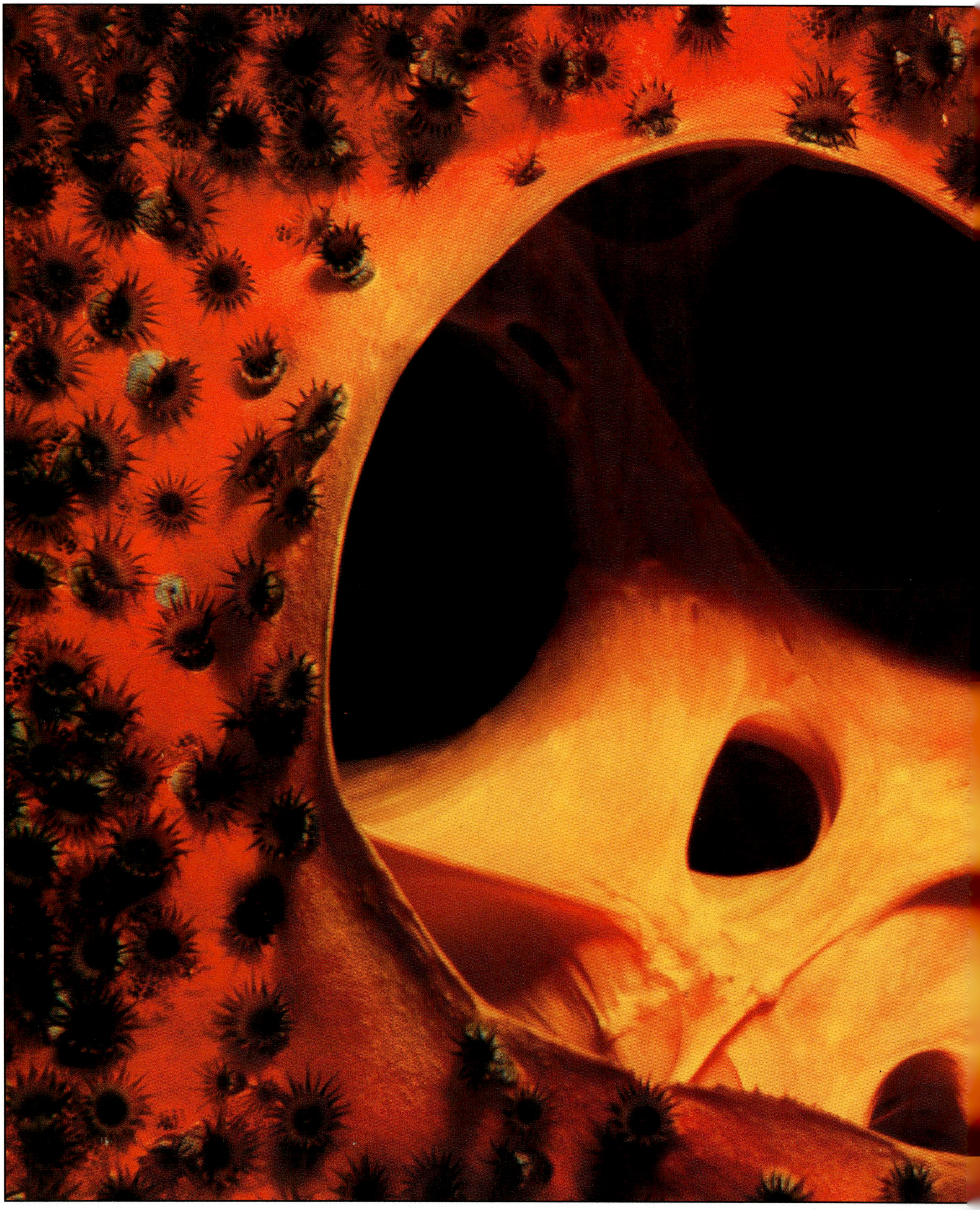

Röhrenschwämme

Schwämme haben es in sich – das gilt nicht nur für die schwamm-eigenen Sklerite. Schwämme sind vielmehr auch der Lebensraum für eine Vielzahl anderer Tiere, von Nesseltieren, Würmern, Stachelhäutern, Krebsen bis zu Fischen. Eine meterhohe Schwammformation ist ein richtiger Mikrokosmos in der Unterwasserlandschaft: Die Zoologen staunten nicht schlecht, als sie sich einmal genauer ansahen, was alles an anderen Tieren im Schwammgewebe verborgen lebt. In einem einzigen großen Schwamm zählten sie 16 000 kleine Garnelen!

◁ *Größere Schwämme sind von einem weitläufigen Kanalsystem durchzogen, das viele kleinere Tiere, Wirbellose wie Fische, – zeitweilig oder auch für immer – als sicheren Unterschlupf nutzen.*

◁ *Ideale Versteckmöglichkeiten für eine Vielzahl von Tieren der karibischen Korallenriffe – wie kleine Garnelen, scheue Grundeln oder zerbrechliche Schlangensterne – bieten die langen Schläuche der meterhohen Röhrenschwämme* (Aplysina lacunosa).

Schwämme als sicherer Unterschlupf: Die großen Schwammformationen mit ihren labyrinthartigen Gängen bieten vielen nachtaktiven Tieren tagsüber Schutz vor Raubfeinden. Umgekehrt schlafen nachts manche tagaktiven Tiere in den Röhren der Schwämme. Einige Fische ziehen sich tief in die Schwämme zurück, wenn es dunkel wird im Riff. Manche Fische, wie die kleinen Blenniiden, verwenden die Röhren von Schwämmen als Laichplätze.

Der „Schwamm-Blenni" (*Starksia nanodes*) weiß, warum er sich gerade die Schwammröhren als sichere Behausung ausgesucht hat. Tagsüber sieht man diesen nur wenige Zentimeter langen pfiffigen Gesellen oft am Rand der Schwammröhre, während er dort – wie von einem sicheren Ausguck aus – die direkte Umgebung nach Freßbarem absucht. Bei der geringsten Störung flüchtet der Fisch blitzschnell in das Innere der Röhren. Es dauert einige Zeit, bis er sich dann wieder sehen läßt. Diese Schwammröhren sind nicht nur ein ideales Versteck, das dem Fisch am Tag bei drohender Gefahr

△ *Vor unliebsamen Überraschungen sicher: eine Garnele* (Brachycarpus biunguiculatus) *im inneren Hohlraum einer Schwammröhre.*

einen Unterschlupf und während der Nacht einen sicheren Schlafplatz bietet. Auch für seine Nachkommen ist das Innere der Schwämme der ideale Platz, jedenfalls so lange die Fischlarven noch nicht geschlüpft sind. Die Eier, die ständig mit Frischwasser versorgt werden müssen, legt das Weibchen im Inneren der Schwammröhre ab. Der ständige Austausch des Wassers, eine kontinu-

Große Röhrenschwämme (Callyspongia vaginalis) *sind der Lebensraum des nur wenige Zentimeter langen karibischen Zwerg-Blenni* (Starksia nanodes). ▷

△ *Bei der geringsten Störung verschwindet der Zwerg-Blenni blitzschnell in der Röhre.*

ierliche Frischwasserzufuhr, wird durch die Aktivitäten des Schwammes, durch dessen enorme Pumpleistung, gewährleistet. Was sonst die nächsten Verwandten des Schwamm-Blennis nur durch eine aufwendige Brutpflege erreichen, indem sie mit ihrem Flossenschlag dem Gelege ständig Frischwasser zufächeln, überläßt der Fisch dem Schwamm, wenn er sein Gelege so deponiert, daß dieser für die Frischwasserzufuhr sorgt – und damit die Versorgung des Fischlaichs mit dem lebensnotwendigen Sauerstoff sicherstellt.
Auch einige kleine Grundelarten, die alle zu den in der Karibik weit verbreiteten Neongrundeln (Gattung *Gobiosoma*) gehören, sind Schwammbewohner. Einige Arten dieser Gattung haben sich zu den professionellen Putzerfischen der Karibik entwickelt, die im Korallenriff regelrechte Putzerstationen unterhalten (siehe S. 148). Doch nicht alle Neongrundeln betätigen sich

△ *Die Schlangensterne* (Ophiothrix lineata) *kommen nachts in großer Zahl aus den Röhren hervor, um auf der Schwammoberfläche nach Freßbarem zu suchen.*

als Putzer. Fünf Gobiosoma-Arten werden innerhalb der Neongobies als schwammbewohnende Neongrundeln zusammengefaßt. Sie leben auf der Oberfläche großer Schwämme. Zu diesen Arten zählt auch Horsts Neongrundel (*Gobiosoma horsti*), die an den Küsten Floridas, der Bahamas und der Karibik anzutreffen ist. Die schwammassoziierten Arten sind sehr scheu, sie zie-

Horsts Neongrundel (Gobiosoma horsti) *ist eine der in der Karibik häufigen, aber sehr scheuen „Schwamm-Grundeln".* ▷

▽ *Unzählige kleine, stark nesselnde Gelbe Krustenanemonen* (Parazoanthus parasiticus) *besiedeln die Oberfläche vieler Schwämme.*

hen sich sofort tief in die geschützten Bereiche der großen karibischen Becher- oder Röhrenschwämme zurück, wenn sie sich bedroht fühlen. Magenuntersuchungen der „Schwamm-Neongrundeln" gaben Aufschluß darüber, was diese Neongrundeln, die trotz Langzeituntersuchungen im Freiwasser nie als Putzer anderer Fische beobachtet wurden, fressen. Sie leben von Polychaeten: Würmern, die oft dicht an dicht im Schwammgewebe leben.

Einige wenige hochspezialisierte Fischarten verbringen anscheinend ihr ganzes Leben (mit Ausnahme einer kurzen

Planktonphase der Larven) tief im Inneren von Schwämmen verborgen. Mitarbeiter von Forschungsinstituten, die das reiche „Innenleben“ der verschiedenen Schwämme analysierten, fanden winzige Grundeln, die sich in ihrem Körperbau dem Leben im Schwamminneren optimal angepaßt haben. Sie sind kleiner und langgestreckter als ihre nächsten Verwandten und haben lange Dornen an ihren Schuppen, mit denen sie sich anscheinend im Schwammgewebe festhaken können.

Neben verschiedenen Krebsarten sind es vor allem auch Stachelhäuter, die im Schwamm ein sicheres Zuhause finden. Für viele der Riffische sind die wehrlosen Schlangensterne, wenn sie sie entdecken, ein gefundenes Fressen. Sich tagsüber gut versteckt zu halten, das ist für die langsamen, zerbrechlichen Schlangensterne das halbe Leben. Erst nachts, wenn die meisten ihrer Verfolger schlafen gegangen sind, wagen sie sich im Schutz der Dunkelheit aus ihren Verstecken hervor. Das Lieblingsversteck dieser wehrlosen Stachelhäuter sind die tiefen, dunklen Röhren der großen karibischen Schwämme. Dort halten sie sich tagsüber verborgen. Bei Sonnenuntergang kommen sie aus ihren Schlafröhren hervorgekrochen. Sie meiden das Licht, wo sie nur können: Dem Lichtkegel von Unterwasserlampen versuchen sie sofort zu entkommen, indem sie sich auf die Schattenseite der angestrahlten Schwämme zurückziehen. Außerhalb der Schwämme beginnen die Schlangensterne mit ihrem nächtlichen Mahl, und jetzt entpuppt sich das Zusammenleben der ungleichen Paarung aus Schwamm und Schlangenstern als eine echte Symbiose! Der Schwamm, der die ungebetenen Gäste tagsüber tief in seinem Inneren beherbergt und sie so vor ihren vielen Feinden schützt, hat auch einen Nutzen von seinen Untermietern. Die unzähligen, winzig kleinen Einströmöffnungen, die die Außenseite der Schwämme überziehen, werden Nacht für Nacht durch die Schlangensterne von all den Partikeln gereinigt, die sich tagsüber auf der Schwammoberfläche abgesetzt haben. Meeresbiologen, die das Zusammenleben der Schlangensterne (*Ophiothrix lineata*) mit einer Schwammart (*Callyspongia vaginalis*) genauer unter die Lupe nahmen, untersuchten auch den Mageninhalt von Schlangensternen, die sie von der Schwammoberfläche gesammelt hatten. Während die meisten Schlangenstern-Arten sehr wählerisch sind, fressen die mit dem Schwamm assoziierten Stachelhäuter alles, was sie auf der Schwammoberfläche finden. Das sind kleine organische Partikel (Detritus), die viel zu groß sind, um als Nahrung vom Schwamm genutzt zu werden, und die seine Einströmöffnungen zu verstopfen drohen. Die vielen Schlangensterne sind für den Schwamm keine Nahrungskonkurrenten. Ganz im Gegenteil: Als Putzkolonnen, die seine Oberfläche sauber halten, sind sie für den Schwamm wahrscheinlich von großem Nutzen.

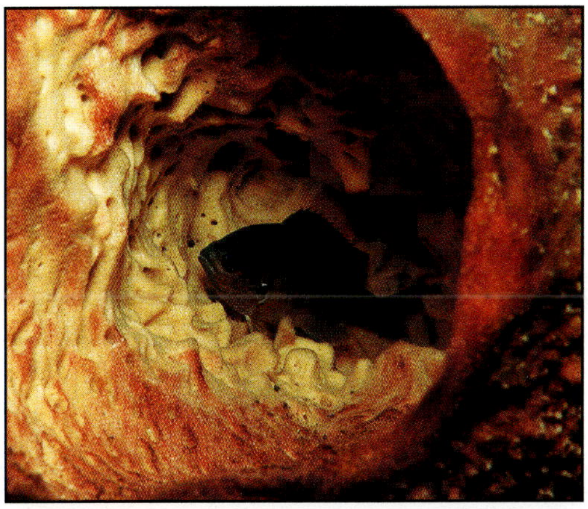

◁ *Zum Schutz vor den nachtaktiven Räubern hat sich ein kleiner Riffbarsch nachts tief in einen großen Becherschwamm zurückgezogen.*

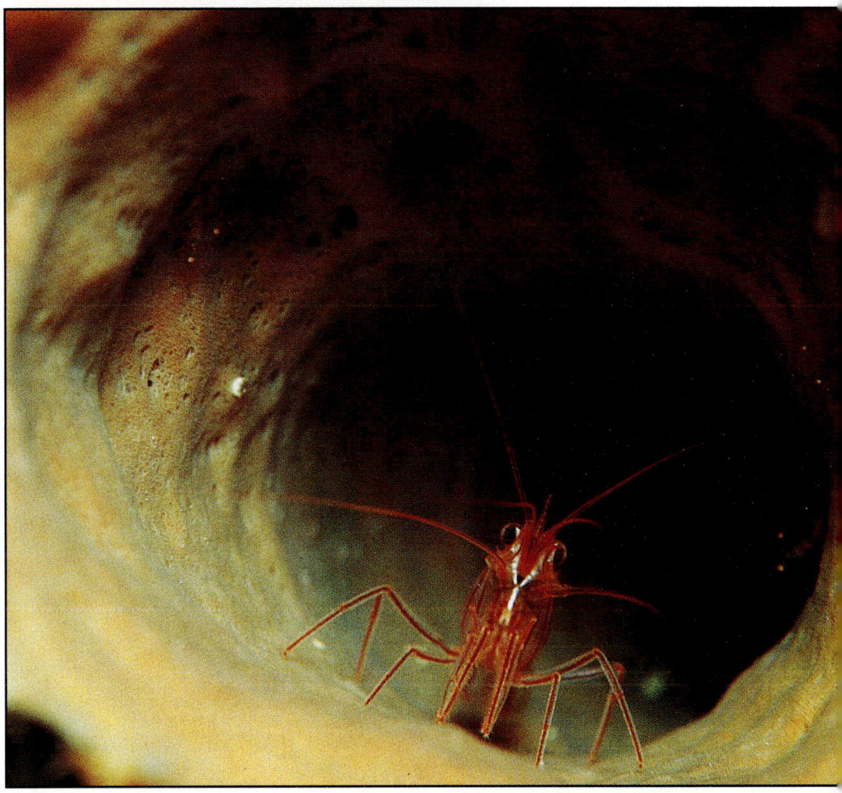

△ *Bis vier Zentimeter wird die karibische Putzergarnele* (Lysmata wurdemanni) *groß, die als typische „Schwamm-Garnele“ bevorzugt im Inneren der Röhren großer Schwämme lebt.*

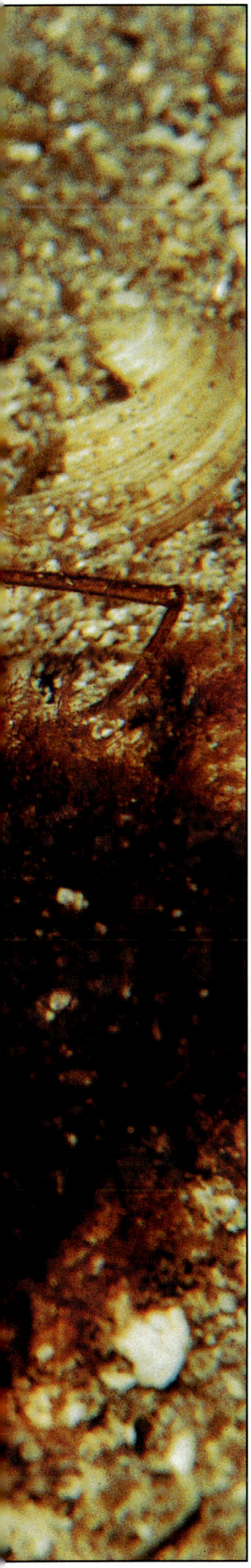

Maskenkrabben

Maskerade im Riff: Krebse aus der Familie der Majidae sind wahre Künstler, wenn es darum geht, sich zu tarnen. Als Material ist den Krabben dabei so ziemlich alles recht, was auf den Felsen in ihrem Lebensraum wächst: Algen, Hydrozoen, Seescheiden, Schwämme. Passende Algen- oder Hydrozoenteile werden mit der Schere „abgepflückt", Stücke aus Seescheidenkolonien oder aus Schwämmen regelrecht herausgeschnitten und auf den eigenen Körper „verpflanzt". Diese Krabben werden im Deutschen Seespinnen, Gespenster- oder Maskenkrabben genannt.

Maskerade total: ▷ Man muß schon ganz genau hinsehen, um zu erkennen, daß dieses braune Algenbüschel nichts anderes ist ...

◁ ...als ein kleiner Krebs, der sich optimal getarnt hat. Nur wenn das „Algenbüschel" zu laufen beginnt,...

...oder wenn der ▷ Krebs seine spinnendünnen Beine zur Abwehr einer möglichen Gefahr ausbreitet, verrät er sich.

Tagsüber einen dieser meist kleineren Krebse zu entdecken, die zu verschiedenen Gattungen wie Maja, Hyas, Inachus, Stenorhynchus, Macropodia oder Pisa gehören, ist alles andere als einfach. Nur wenn sie sich bewegen, wenn plötzlich ein Stück „bewachsener Fels" zu laufen beginnt, verraten sich die Tarnkünstler. Die Seespinnen haben einen runden bis länglichen Körper. Acht ihrer zehn Beine dienen der Fortbewegung: Die Beinpaare zwei bis fünf sind als schlanke, lange Laufbeine ausgebildet, während das erste Beinpaar als Greifwerkzeuge die „Arme" des Krebses darstellt. Mit den Scheren wird nicht nur alles Freßbare zum Mund geführt, sondern es werden auch die Stücke ergriffen, mit denen sich die Krabbe tarnt. Dabei ist den Krebstieren so ziemlich alles recht, was auf den Felsen ihrer Umgebung wächst: Algen, Hydrozoen, Moostierchen, Seescheiden, Seeanemonen, Schwämme. Algen- oder Hydrozoenteile werden mit der Schere „geerntet", Stücke aus Seescheidenkolonien oder aus Schwämmen kunstvoll herausgeschnitten. Bevor die verschiedenen Tarnobjekte vom Scherenfuß auf den Rückenpanzer „verpflanzt" werden, sind sie mit den Mundwerkzeugen gewissenhaft bearbeitet worden. Wie dabei Verhalten und Körperbau des Krebses zusammenspielen, beschreibt der große Zoologe Adolf Portmann in seinem Buch „Tarnung im Tierreich", erschienen im Springer-Verlag: „Der Kopfbrust-Panzer der Krabbe ist an manchen Stellen von gebo-

▽ *Im kalten Wasser der kanadischen Atlantikküste zu Hause ist die Gespensterkrabbe* (Hyas coarctatus). *Der Schwamm, der Körper und Beine des Krebses teilweise bedeckt, ist ein guter Schutz gegen seine vielen Freßfeinden.*

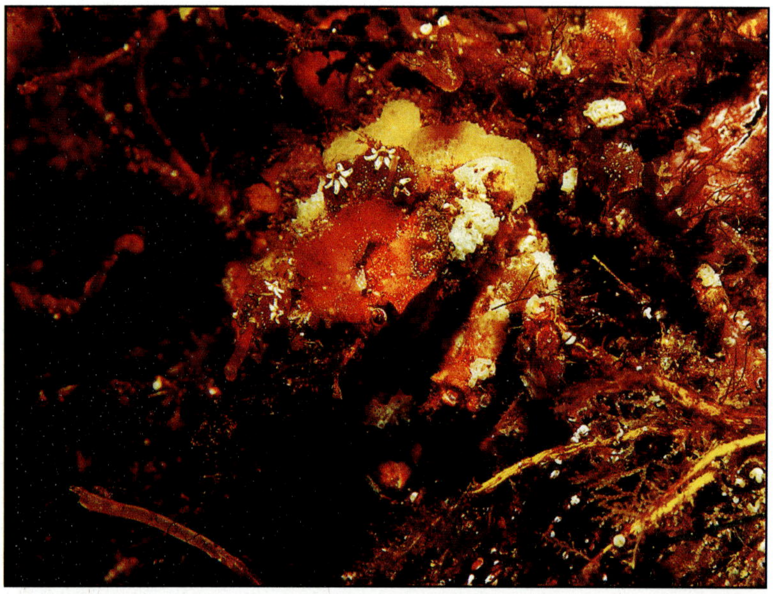

△ *In ihrer natürlichen Umgebung sind die kleinen Verkleidungskünstler kaum zu erkennen.*

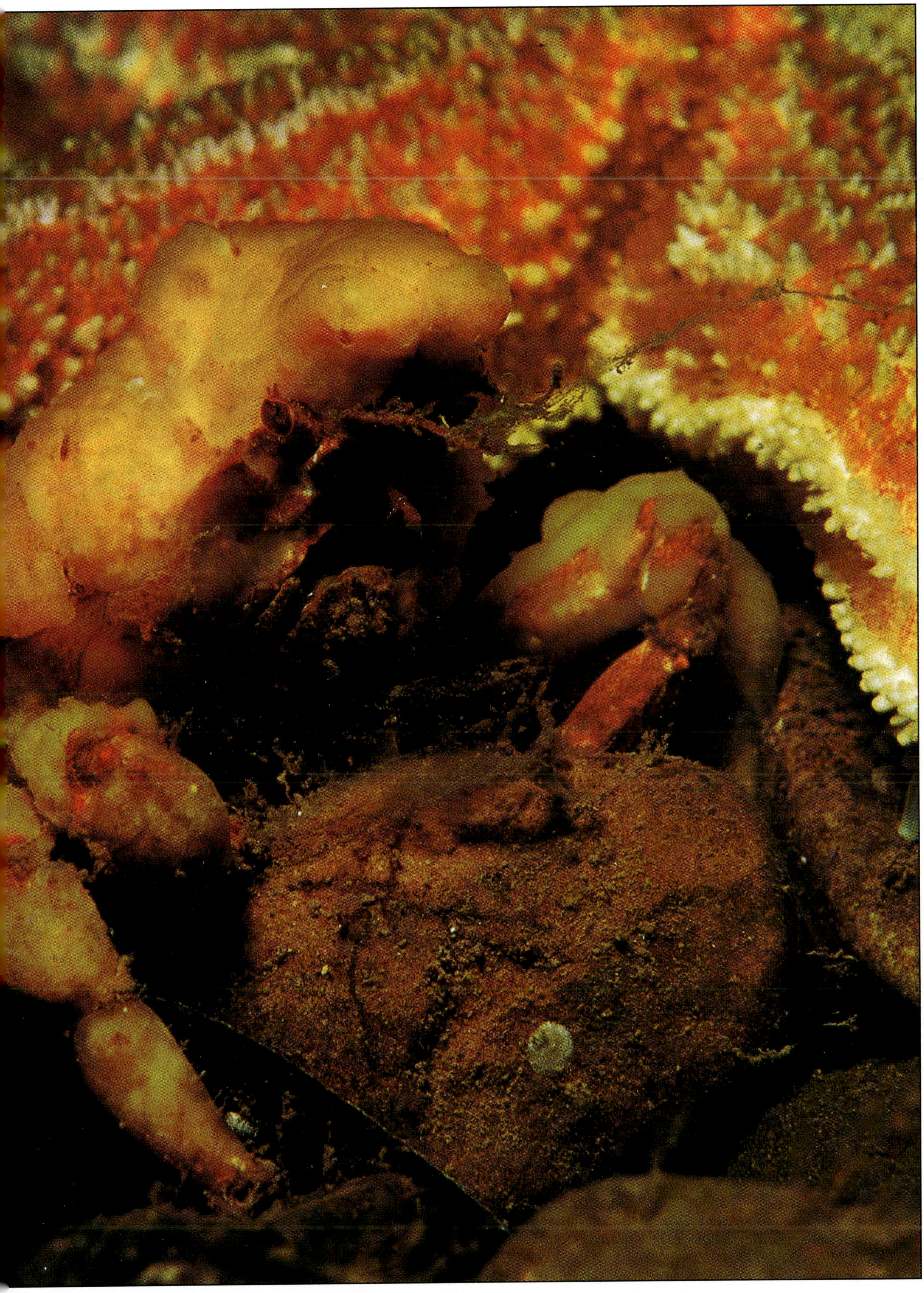

Auf Sand- und Felsboden im Nordatlantik, in der Nordsee und Ostsee weit verbreitet ist die Kleine Seespinne (Hyas araneus). ▷

▽ *Auch dann, wenn die Seespinnen sich wie diese nur wenig maskiert haben, heben sie sich oft kaum vom Untergrund ab.*

◁ *Eine Große Seespinne aus dem gemäßigten Ostatlantik hat ihren Körper mit den stark nesselnden Hydrozoen bepflanzt: ein wirkungsvoller Schutz gegen ihre Todfeinde, die Kraken.*

genen Chitinborsten bedeckt, die man „Angelhäkchen" genannt hat. Während sonst der Panzer Kalk enthält, bleiben diese Gebilde rein chitinös und dadurch elastisch. Sie dienen dem Festhalten der Tarnobjekte, welche zwischen solche Häkchen eingepreßt und von deren gebogenem Ende gehalten werden. Solche Angelhäkchen kommen nur dieser einen Krabbengruppe zu. Die Befestigung der Fremdkörper geschieht durch die Scherenfüße. Diese sind viel beweglicher gebaut als bei anderen Krabben und vermögen alle Stellen des Körpers zu erreichen, an denen Angelhäkchen sitzen."

Die Maskerade wird von Art zu Art ganz verschieden gestaltet. Es gibt Krabben, die ihren gesamten Kopfbrust-Panzer und ihre Beine maskieren, andere dagegen beschränken sich nur auf die Kopfpartie oder auf die Laufbeine. Zu letzteren zählt auch die europäische Gespenstkrabbe Inachus scorpio, die nur ihr zweites Beinpaar maskiert. Spinnenkrabben der Gattung Pelia machen sich das Verkleiden einfach: Sie verpflanzen ein kleines Stückchen lebendes Schwammgewebe auf ihren Körper. Der Schwamm wächst dort weiter, bis er sich mit der Zeit über den gesamten Körperpanzer ausgebreitet hat. Auch im Laufe des Lebens einer einzelnen Krabbe kann sich das Maskierverhalten grundsätzlich ändern: Loxorhynchus crispatus, eine der größten Krabben der kalifornischen Küste, hört mit dem Maskieren auf, wenn ihr Körperpanzer einen Durchmesser von etwa zehn Zentimeter erreicht hat. Meist führt die Verkleidung zu einem völligen Verschmel-

Bis zu zehn Zentimeter groß wird die Kleine Seespinne (Hyas araneus)*, die sich aktiv maskiert. Ändert sich ihre Umgebung drastisch, passen sich die Krebse mit ihrer Maskerade dem neuen Lebensraum schnell an.* ▷

△ *Die Maskerade wird von Art zu Art ganz verschieden gestaltet. Es gibt Seespinnen, die sich möglichst vollständig maskieren, während andere sich auf den Kopfbereich beschränken.*

zen des Krabbenkörpers mit seiner natürlichen Umgebung.

Tagsüber hilft die Maskerade dem ruhig auf dem Untergrund sitzenden Krebs, von den vielen möglichen Freßfeinden nicht erkannt zu werden. Während der Nacht dagegen, wenn die Todfeinde der Krabben, die Kraken, munter werden, macht die Verkleidung auch Sinn: Ein hungriger Oktopus, der mit seinen langen, saugnapfbewehrten Armen nach Beute tastet, mag durch die Maskerade getäuscht werden. Eine über und über mit Algen, Schwämmen oder Moostierchen bedeckte Krabbe wird sich für den Polypen kaum wie eine Krabbe anfühlen. Dazu kommt, daß einige der sich maskierenden Krabben, die im Englischen treffend „Decorator crabs“ genannt werden, eine Vorliebe für giftige, stark nesselnde Tiere zeigen. Wer als wandelnder Hydrozoenbusch durch das Riff streift, hat kaum jemanden zu fürchten!

Der starre Panzer des Krebses macht es notwendig, daß sich die Tiere in regelmäßigen Abständen häuten müssen, um zu wachsen. Die Häutungen zählen zu den gefährlichsten Perioden im Leben der Krebstiere. Es dauert seine Zeit, bis die Krabbe aus ihrem alten Panzer ausgestiegen ist – und es braucht viele Stunden, bis das anfangs noch ganz weiche, neue Außenskelett fest und hart geworden ist. In dieser Zeit sind die Krebse nahezu schutzlos. Wenn sie jetzt von einem ihrer Raubfeinde entdeckt werden, haben sie überhaupt keine Chance. Aber selbst vor den eigenen Artgenossen müssen sich die häutenden Krebse in acht nehmen: Kannibalismus ist unter den Krustazeen weit verbreitet. Und was nützt den Majiden die schönste Maskerade, wenn die Verkleidung zusammen mit der alten Haut abgestreift wird? Einige Arten lassen sich mit der neuen Tarnung nicht viel Zeit: Sie pflanzen alle Teile, die den alten Panzer zierten, einfach auf den neuen um.

△ An der Küste des Mittelmeers verriet sich diese Seespinne dadurch, daß sie sich bewegte: ein „Stückchen Felsbewuchs", das plötzlich zu laufen begann. Auch wenn sich der Krebs durch seine Bewegung ...

◁ ...enttarnte, ist es doch schwierig, ihn auf dem Foto zu erkennen. Einzig das kleine Auge – jeweils in Bildmitte – bietet eine gewisse Orientierungshilfe.

Einsiedlerkrebse

über und unter Wasser

Vorne kampfbereite Scheren, hinten dagegen verletzlich: Um ihren weichhäutigen Hinterleib zu schützen, tragen die Einsiedler (meist) ein Schneckenhaus mit sich herum. Einigen ist die harte Schale nicht sicher genug. Frei nach dem Motto „doppelt schützt besser“ sorgen sie dafür, daß zusätzlich Schwämme oder Nesseltiere ihr Schneckenhaus überwuchern.

◁ Mit den ersten Sonnenstrahlen machen sich die Landeinsiedler auf die Suche nach einem schattigen Plätzchen.

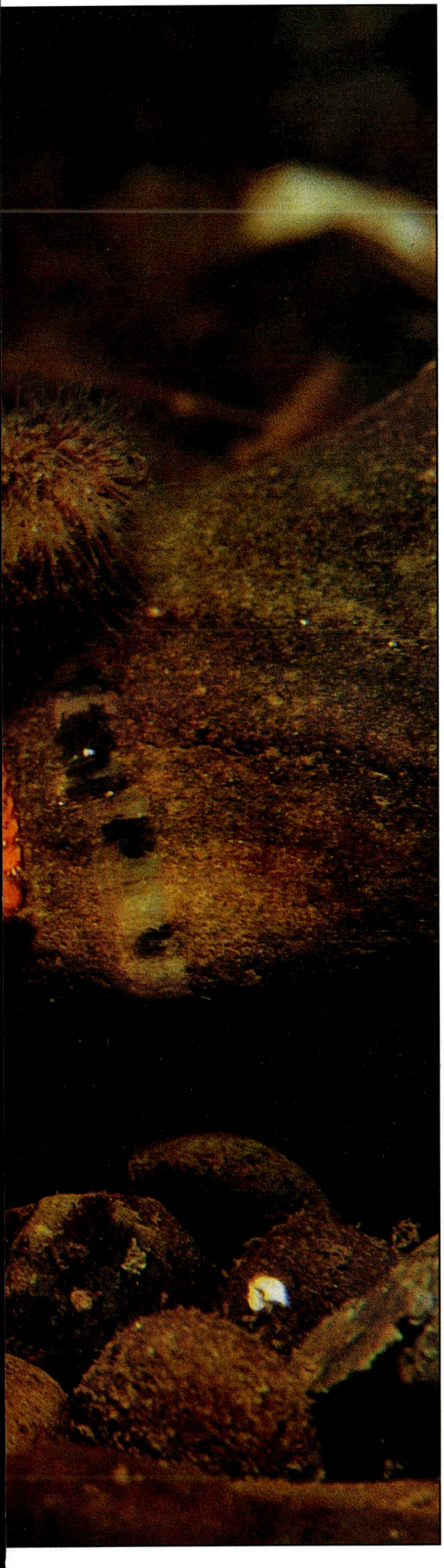

Mit den stark gepanzerten Scheren schließen die Einsiedler die Öffnung ihres Schneckenhauses. ▷

◁ *Auf Geröll- und Felsböden der kalten kanadischen Nordatlantikküste ist der Einsiedler* Pagurus acadianus *zu Hause.*

An seiner Körperfärbung leicht zu erkennen: der karibische Einsiedler (Paguristes punticeps). ▷

△ *Die Einsiedler der deckungsarmen Schlick- und Sandböden sind häufig unauffällig gefärbt.*

Gut „behütet" ist der kleine Riffeinsiedler (Dardanus lagopodes) *aus den Korallenriffen des Indischen Ozeans.* ▷

Krebse haben es nicht leicht. Nur allzu viele Tiere haben es auf ihr zartes Fleisch abgesehen. Um die feindliche Übermacht auf Distanz zu halten, sind die meisten Krebse zu einer nächtlichen Lebensweise übergegangen. Die Dunkelheit bietet ihnen einen gewissen Schutz. „Nicht gesehen werden, heißt, nicht gefressen werden" – eine Weisheit, die für die Krustazeen wenigstens teilweise gilt. Andere Krebse wie die Maskenkrabben verstehen es meisterhaft, sich zu tarnen. Doch nur wenige Arten haben es soweit gebracht, sich ihren Schutz vor Freßfeinden von anderen Tieren zu „borgen".

Doppelt hält besser – so scheinen die Einsiedlerkrebse (*Dardanus calidus*) zu denken, die nicht nur auf den Schutz eines Schneckenhauses vertrauen, sondern dieses noch mit nesselnden Seeanemonen (*Calliactis parasitica*) „bepflanzen". Die Aktinien mit ihrem starken Nesselgift sind eine wirkungsvolle Abschreckung. Für die seßhaften Seeanemonen ist es von Vorteil, vom Einsiedler ständig zu neuen Nahrungsgründen transportiert zu werden. Und wenn der Krebs sich ein neues Gehäuse suchen muß, weil ihm sein altes zu klein geworden ist, nimmt er „seine" Aktinie(n) mit: Er betrillert den Saugfuß des Nesseltieres mit seinen Antennen so lange, bis dieses sich von dem alten Gehäuse löst. Jetzt kann der Einsiedler die Seeanemone auf sein neues Gehäuse „umpflanzen"!

Einsiedler mit „Wollmütze": Im kalten Wasser der Nordsee und des östlichen Nordatlantiks trifft man immer wieder auf den Gemeinen Einsiedlerkrebs (*Pagurus bernhardus*), dessen Schneckengehäuse gleichmäßig überzogen ist von Kolonien des Stachelpolypen (*Hydractinia echinata*). Die stark nesselnden Hydrozoen bilden dichtstehende Kolonien mit einem Wurzelgeflecht, das von einer stacheligen Kruste überzogen ist. Diese wächst teilweise über den Rand des Schneckengehäuses hinaus, was dem Einsiedler nur recht sein kann: Dadurch vergrößert sich sein Haus, er muß sich nicht so schnell wieder nach einem größeren umsehen!

△ *Der Große Rote Einsiedler* (Dardanus calidus) *aus dem Mittelmeer trägt häufig mehrere Seeanemonen* (Calliactis parasitica) *mit sich herum. Eine Lebensgemeinschaft zum Nutzen beider.*

Während der Einsiedler vom Nesselschutz der Anemonen profitiert, werden diese vom Krebs ständig zu neuen Nahrungsgründen transportiert. ▷

◁ *Doppelter Schutz: Stark nesselnde Hydrozoen* (Hydractinia echinata) *überziehen das Gehäuse eines Gemeinen Einsiedlerkrebses* (Pagurus bernhardus).

▽ *Die Hydrozoen auf dem Gehäuse des Einsiedlers sind eine wirkungsvolle Abschreckung gegen die vielen Räuber im Riff, die es auf das schmackhafte Krebsfleisch abgesehen haben.*

Das Haus des Anemonen-Einsiedlers (Pagurus prideaux) *ist von der Mantelaktinie* (Adamsia palliata) *überzogen, wobei die Tentakel des Nesseltieres direkt hinter den Mundwerkzeugen des Einsiedlers liegen,...* ▷

△ *...während jeweils immer nur eine Anemone mit einem Einsiedler zusammen lebt. Dieses ungleiche Paar ist an den Küsten des Nordostatlantiks und des Mittelmeers anzutreffen.*

Meereseinsiedler verlassen nie ihren Lebensraum. Während des gesamten Lebens, von der winzigen Larve bis zum fortpflanzungsfähigen Krebs, bleiben sie im Meer. Im Gegensatz zu ihnen können ihre landlebenden Verwandten, die Landeinsiedler, nicht im Wasser leben: Sie würden schnell ertrinken, weil bei ihnen die eigentlichen Kiemen stark zurückgebildet sind. So sehr auch die Landeinsiedler das Wasser als ständigen Lebensraum meiden, so sehr sind ihre Larven von einer Entwicklung im Meer abhängig. Die Weibchen müssen aufpassen, von den Wellen nicht ins Meer hinausgespült zu werden, wenn sie zum Absetzen ihrer Larven ins Wasser gehen.

Landeinsiedler sind die Totengräber der Strandregion. Während sie sich tagsüber vor der sengenden Sonne schützen, indem sie sich in feuchte, schattige Schlupflöcher im Sandgrund zurückziehen, werden sie mit Einbruch der Dämmerung munter. Vor allem der Geruch verwesenden Fleisches lockt sie unwiderstehlich an. Tote Tiere, die bei den hohen Temperaturen in den Tropen schnell verwesen, ziehen ganze Scharen von Einsiedlern an. Kurz nach der Morgendämmerung haben sich die Landeinsiedler wieder in ihre Tagesverstecke zurückgezogen. Nur die charakteristischen Spuren, die sie im Sand hinterlassen, zeugen von ihrer nächtlichen Aktivität.

Üblicherweise sind die Schneckengehäuse, die sich die Einsiedler aussuchen, so groß, daß sie ohne Schwierigkeiten den ganzen Krebs aufnehmen können. Bei Gefahr zieht sich der Einsiedler tief in das Schneckengehäuse zurück: so tief, daß von ihm überhaupt nichts mehr zu sehen ist, oder so tief, daß der Krebs die Öffnung des Schneckengehäuses mit seinen kräftigen Scheren hermetisch verschließen kann. Aber auch hier bestätigen Ausnahmen die Regel: Immer wieder kommt es vor, daß man auf

größere Einsiedler stößt, die nur noch eine Art „Lendenschurz" mit sich herumtragen, ein Haus, das gerade noch den letzten Zipfel ihres Hinterkörpers aufnehmen kann, mehr nicht. Dabei zeigen sich die Krebse alles andere als wählerisch: Auf den Fidschis lief mir ein wehrhafter Einsiedler über den Weg, der mehr schlecht als recht versuchte, seinen Hinterkörper in einen Plastik-Flaschenverschluß zu stecken!

Ein Einsiedler hat es völlig aufgegeben, seinen Hinterleib mit einem geborgten Haus zu schützen. Der Palmendieb (*Birgus latro*) mit einer Größe von über 30 Zentimeter ist augenscheinlich so wehrhaft, daß er einen zusätzlichen Schutz nicht mehr nötig hat.

△ *Große Landeinsiedler sind wehrhaft. So dient dieser Plastik-Flaschenverschluß dem Einsiedler mehr als „Lendenschurz" denn als schützendes Gehäuse.*

◁ *Nachts suchen die Landeinsiedler am Spülsaum nach Freßbarem. Mit den ersten Sonnenstrahlen ziehen sie sich in ihr Tagesversteck zurück.*

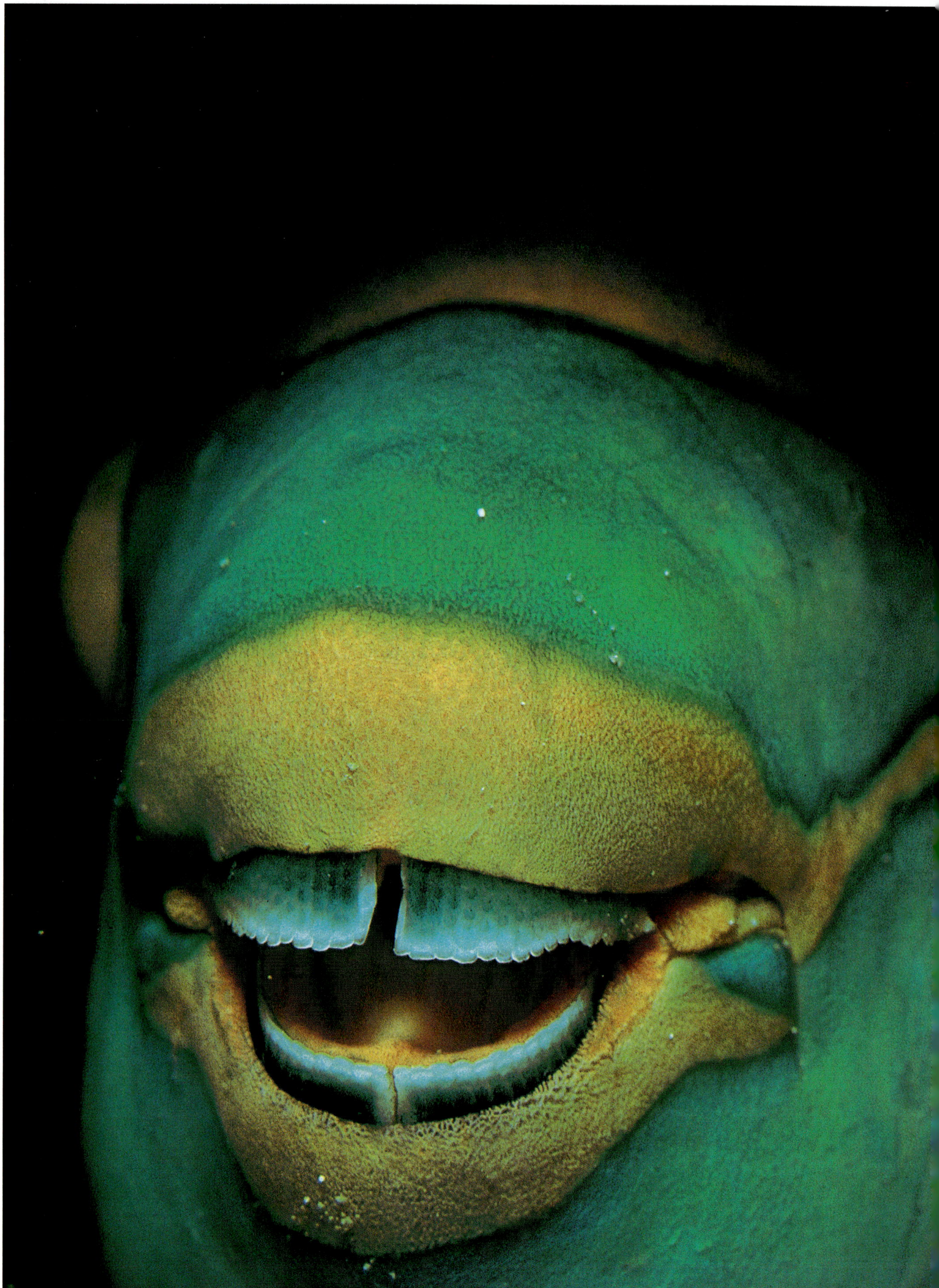

Immer wenn es dunkel wird,...

...kehrt sich das Leben im Riff um: Tagsüber gehört es den Fischen, nachts dagegen den Wirbellosen. Wenn nach Einbruch der Dunkelheit die Kraken, Schlangensterne, Krebse und Garnelen munter werden, schlafen die meisten ihrer ärgsten Feinde, wenn auch nicht alle: Muränen und Kraken zählen zu den gefährlichen Räubern, die erst nach Sonnenuntergang auf Jagd gehen.

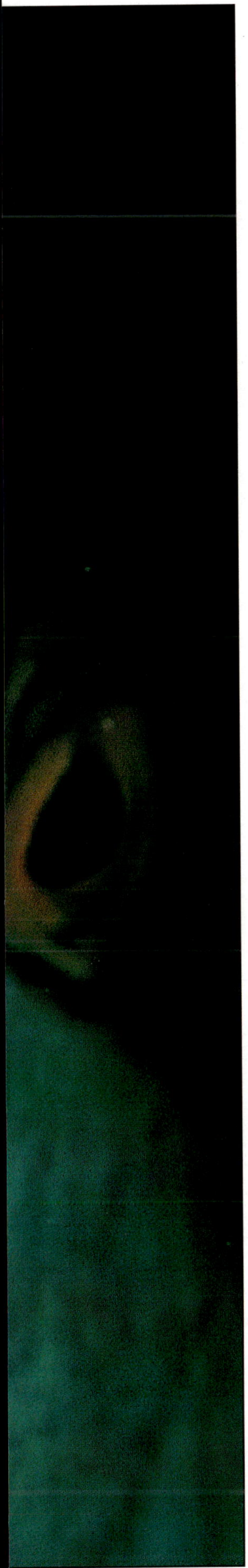

Fische schlafen mit offenen Augen: Ein kleiner Spitzkopf-Kugelfisch (Canthigaster rostrata) *aus dem Ostatlantik hat sich zur Nachtruhe einfach auf den freien Boden gelegt.* ▷

◁ *Papageifische wie der Blauband-Papageifisch* (Scarus prasiognathos) *aus dem Indischen Ozean suchen sich zum Schlafen dagegen gut geschützte Plätze im Riff.*

Von den Rotzahn-Drückerfischen (Odonus niger) *jedoch ist nachts nur noch die Schwanzflosse zu erkennen, wenn sie sich zum Schlafen zurückziehen.* ▷

Nachts schlafen die Fische. Nicht alle, aber die meisten. Kurz vor Mitternacht im tropischen Riff: Mit offenen Augen liegt ein stattlicher Papageifisch in zwanzig Meter Tiefe auf dem Meeresboden. Er lehnt an einem kleinen Korallenblock und hat das Maul leicht geöffnet. Deutlich sind die kräftigen Zahnplatten zu sehen, der Fisch scheint geradezu in die Kamera zu lächeln. Das helle Licht der Unterwasserlampe, das voll auf sein Gesicht fällt, stört ihn nicht. Der Papageifisch reagiert überhaupt nicht auf die Lichtstrahlen, die durch die Pupillen auf die Netzhaut fallen. Er zeigt auch keine sichtbare Reaktion auf die Druckwellen, die von meinen Flossenschlägen ausgehen und auf die empfindlichen Sensoren in der Seitenlinie des Fisches treffen. Seine Sinne sind weitgehend abgeschaltet. Die Signale, die den Fisch aus der Umgebung erreichen, werden vom Nervenzentrum einfach ignoriert, abgeblockt: Der Fisch schläft. Die Atmung und der Herzschlag sind deutlich verringert, beide laufen in der nächtlichen Ruheperiode auf Sparflamme. Tagsüber reagiert der farbenprächtige Fisch mit seinem auffallenden Gebiß augenblicklich auf die Signale, doch nicht in der Dunkelheit der Nacht. Erst wenn die Störung lange andauert oder plötzlich eine sehr hohe Reizschwelle überschreitet, schreckt der Fisch aus dem Schlaf auf: Faßt man ihn zum Beispiel an, flüchtet er ziellos eine kurze Strecke. Hindernisse, die dabei auf seinem Weg liegen, erkennt er nicht oder erst zu spät, er stößt mit dem Kopf dagegen, bevor er ihnen ausweicht.

▷ *Die vielen verschiedenen Steinkorallen zeigen nur nachts ihre ganze Schönheit, wenn sie ihre mit giftigen Nesselzellen bewehrten Tentakel zum Planktonfang in das freie Wasser ausstrecken.*

△ *Auch die zu den Stachelhäutern zählenden Haarsterne entrollen bevorzugt erst nach Einbruch der Dunkelheit an strömungsexponierten Stellen im Riff ihre 10, 15, 20 oder mehr gefiederten Arme.*

Kopffüßer wie Kalmare, Kraken oder Sepien gehen vor allem nachts auf Jagd. Diese Sepia (Sepia officinalis) *hat einen Meerpfau* (Thalassoma pavo) *im Schlaf überrascht.* ▷

◁ *Kraken wie der Gemeine Oktopus* (Octopus vulgaris) *haben hochentwickelte Linsenaugen, die in ihrer Leistungsfähigkeit mit den Linsenaugen der Wirbeltiere vergleichbar sind.*

△ *Im Ostatlantik häufig ist der sehr scheue Langarmige Krake* (Octopus macropus). *Nachts sind die Chancen am größten, diesen ziegelroten Kraken bei seinen Streifzügen durch das Riff zu entdecken.*

Tagsüber im Korallenriff: Die Form- und Farbenvielfalt der Fische ist überwältigend, dem Artenreichtum in diesem Biotop sind kaum Grenzen gesetzt. Wohin man auch blickt, ob in das freie Wasser über der Riffkante oder zwischen die mächtigen Korallenblöcke, überall sind prächtig gefärbte, auffällig gezeichnete Fische zu sehen. Ihre weithin sichtbare, plakative Körperfärbung hat gegenüber Artfremden wie Artgenossen Signalfunktion, wie die Verhaltensforscher in Aquarien- und Freiwasserstudien nachgewiesen haben. Das nicht zu übersehende artspezifische Fischkleid dient als optisches Signal sowohl der zwischen- als auch der innerartlichen Kommunikation.

Wenige Stunden später, nach Einbruch der Dunkelheit, ist von diesen Fischen nichts mehr zu sehen. Man muß schon länger suchen, um wenigstens einige von ihnen zu finden. Tief haben sich die tagaktiven Fische zwischen die Äste der stark verzweigten Hirschhornkorallen oder in die engen Spalten der blockbildenden Hirnkorallen zurückgezogen, haben sich mit ihren abgespreizten Brust- und Rückenflossen regelrecht zwischen den Korallen verkeilt. Wie wenig einige Fische dann von ihrer Umgebung mitbekommen, schildert der Verhaltensforscher Hans W. Fricke, der als Meeresbiologe seit über zwei Jahrzehnten das Leben in den Korallenriffen des Roten Meers untersucht. In seinem Buch „Bericht aus dem Riff“ erzählt er, wie er nachts einen kleinen Lippfisch für sein Aquarium fing: „Wir meißelten ihn mit einem Hammer aus einer Koralle heraus, ohne daß er dabei aufwachte.“

Meist ist von den schlafenden Fischen kaum etwas zu erkennen. Der Rotzahndrückerfisch verkriecht sich Kopf voran in die engen Spalten des Korallenriffs. Wenn überhaupt etwas von ihm zu sehen ist, dann ist es seine dunkelblaue, sichelförmige Schwanzflosse. Von den kleinen Clownfischen, die im dichten Tentakelwald „ihrer“ Seeanemonen schlafen, ist oft nur der Kopf zu erahnen. Ganz anders dagegen das Schlafverhalten der Spitzkopf-Kugelfische: Sie liegen einzeln über dem Meeresboden

Wie fast alle Muränen zieht sich tagsüber auch die Tigermuräne (Enchelycore anatina) *in tiefe Felsspalten oder Höhlen zurück und macht sich erst nach Einbruch der Dunkelheit auf Nahrungssuche.* ▷

△ *Lanzett-Gespensterkrabben* (Stenorhynchus lanceolatus) *sind wie viele andere Krebse nachtaktiv, da nachts weniger Raubfeinde unterwegs sind.*

verstreut, ohne sich die Mühe zu machen, sich zu verstecken. Mit seinem aufblasbaren Bauch „verankert" sich der Kugelfisch in kleinen Bodenunebenheiten. Andere Fische ziehen es vor, im Sand unterzutauchen oder sich tief im Labyrinth des Korallenschutts zu verstecken. Diese Arten sind während der Nachtstunden buchstäblich vom Riffboden verschluckt.

Im Gegensatz zur ewigen Finsternis in der Tiefe der Meere sind die unzähligen Organismen, die in den lichtdurchfluteten Oberflächenschichten der Meere leben, den selben Hell-Dunkel- beziehungsweise Tag-Nacht-Rhythmus ausgesetzt wie die Landflora und -fauna. Für die Meeresbewohner der Flachwassergebiete ist das Licht der entscheidende Zeitgeber, der die Länge ihrer Ruhe- und Aktivphasen steuert. Wenn sich auch die meisten Fische nach Sonnenuntergang zur Nachtruhe zurückgezogen haben – das Riff schläft nicht. Im Schutz der Dunkelheit wagen sich Tausende von Stachelhäutern und Krebstieren aus ihren Schlupflöchern hervor. Egal, ob am Felsenriff des Mittelmeers oder am Korallenriff des Indischen Ozeans, im Tag-Nacht-Rhythmus findet ein Wachwechsel am Riff statt: Tagsüber gehört es den Fischen, nachts den Wirbellosen. Nach Einbruch der Dunkelheit beginnt das Riff zu „blühen": Myriaden von Korallenpolypen, die winzigen Baumeister der riesigen Korallenriffe, strecken nachts ihre Tentakel zum Planktonfang aus. Diese Tentakel verfügen über Nesselzellen, äußerst komplex aufgebaute Giftapparate, die eine wirkungsvolle Abschreckungswaffe gegen Freßfeinde sind und erfolgreich zum Beutefang eingesetzt werden.

Nachts ist das Nahrungsangebot für die Planktonfiltrierer der Korallenriffe besonders reichhaltig. Das Zooplankton hält sich tagsüber in größeren Tiefen auf und steigt erst nach Einbruch der Dunkelheit in die oberflächennahen Wasserschichten auf. Diese lichtgesteuerte Vertikalwanderung der Planktontiere zwingt den seßhaften Filtrierern eine nächtliche Lebensweise geradezu auf.

Federsterne, die wie die Seeigel und die Seesterne zu den Stachelhäutern gehören, sitzen nachts an den strömungsexponierten Standplätzen im Riff. Mit ihren zehn oder auch zwanzig Federarmen, die sternförmig an der diskusförmigen Körperscheibe angewachsen sind, filtern auch sie aus dem durchströmenden Wasser Plankton. Diese lebenden Fossilien der tropischen Meere verbringen den Tag zusammengerollt in ihrem Versteck zwischen den Korallenästen. Auch ihre engsten Verwandten, die Schlangensterne, wagen sich erst nachts, wenn ihre ärgsten Feinde längst schlafen gegangen sind, aus ihren Schlupflöchern hervor. Faustgroße Herzseeigel kommen nachts aus dem lockeren Sandboden hervor. Ihre kurzen weichen Stacheln liegen eng am Körper an. Dieser Stachel„pelz“ ist eine Anpassung an ihre verborgene Lebensweise: Große, wehrhafte Stacheln würden sie in ihrer Bewegungsfreiheit im Boden zu sehr einschränken. Auch die räuberischen Kammseesterne mit ihren fünf kräftigen Armen verlassen mit Sonnenuntergang ihr Tagesversteck im schlickigen Sandboden. Nach Einbruch der Dunkelheit gehen sie auf Jagd, machen sich über Seeigel, Schnecken und Muscheln her, die sie mit „Haut und Haaren“, mit Stacheln und Schale, verschlingen. Bei seiner Nahrungssuche gleitet der Seestern erstaunlich schnell über den Meeresgrund, schneller, als sich die meisten Muscheln und Schnecken in Sicherheit bringen können. Nur Kammuscheln wie die Pilgermuschel wissen sich zu helfen. Nähert sich ihnen ein Seestern, so klappt die liegende Muschel blitzschnell ihre Schalen zu. Das Wasser, das

△ Die nur wenige Millimeter großen Polypen der Steinkorallen zeigen ihre Tentakel nur nach Einbruch der Dunkelheit, wenn sie diese ausstrecken, um Zooplankton zu fangen.

◁ Viele nachtaktive Fische haben wie dieser Schwarzstreifen-Soldat (Myripristis jacobus) *besonders große Augen, die es ihnen ermöglichen, sich noch im schwächsten Licht zu orientieren.*

△ *Erst im Schutz der Dunkelheit, wenn die meisten Räuber schlafen, wagen sich die Seespinnen aus ihren Tagesverstecken hervor.*

▽ *Auch die etwa zehn Zentimeter großen Roten Riffhummer* (Enoplometopus antillensis) *sind nur nachts – oder in Höhlen – zu entdecken.*

dabei aus ihrem Inneren mit großer Geschwindigkeit herausgepreßt wird, bewirkt einen Rückstoß. So können die Pilger- oder Jakobsmuscheln stoßweise schwimmen und sich aus der Gefahrenzone entfernen.

Spinnenkrabben, Riffhummer, Langusten, Bärenkrebse, Tanzgarnelen – nachts ist die Zeit der Krebstiere. Ganze Fels- oder Korallenwände sind nach Einbruch der Dunkelheit von Tausenden fingergroßer Tanzgarnelen überzogen, von denen man tagsüber keine einzige zu sehen bekommt. Extrem langbeinige Spinnenkrabben staksen zwischen Seeigeln auf dem Boden umher. Auch die großen, bis zu mehreren Kilogramm schweren Langusten und Bärenkrebse werden nachts munter. So stark ihr dickwandiger, stachelbewehrter Kalkpanzer auch ist, es gibt genug Fische, die mit ihrem kräftigen Gebiß auch die Schale der größten Krebse knacken.

Doch auch nachts, wenn die meisten ihrer Freßfeinde schlafen, müssen die Krebse auf der Hut sein. Nach Einbruch der Dunkelheit gehen die Kraken auf Beutefang. Die Polypen entpuppen sich als richtige Feinschmecker: Zu ihrer Lieblingsspeise gehört neben den Schnecken und Muscheln vor allem das zarte Fleisch der verschiedenen Krustentiere. Mit ihren acht langen Armen suchen die Kraken selbst in den engsten Felsspalten nach Garnelen, Krabben und Krebsen. Hochempfindliche Sinnesorgane, auf die geringsten chemischen Reize ansprechende Sinneszellen, liegen dicht an dicht auf den Innenseiten der Arme direkt bei den Saugnäpfen. Diese Zellen melden dem tastenden Kopffüßer sofort, wenn etwas Freßbares in erreichbarer Nähe ist. Haben die kräftigen Fangarme des Polypen einen Krebs gepackt, gibt es für diesen kein Entrinnen mehr. Blitzschnell wird das Opfer in den großen Armtrichter gerissen, der sich wie ein Sack um die zappelnde Beute schließt. Ein starkes Gift, das der Polyp aus Speicheldrüsen über den sich verzweifelt wehrenden Krebs sprüht, läßt schnell die Gegenwehr

erlahmen. Mit seinen scharfen Mundwerkzeugen, dem „Papageischnabel“, durchbeißt der Krake mühelos den Krebspanzer. Dann spritzt er seinen Verdauungssaft in das Opfer, dessen Fleisch sich langsam auflöst. Nach spätestens einer Stunde hat der Polyp sein nächtliches Mahl beendet. Von dem Krebs bleibt nur der ausgehöhlte Panzer übrig.

Fressen und gefressen werden: Auch die Kraken haben ihre Feinde. Wenn der Polyp bei seiner Suche nach Langusten statt auf das begehrte Krustentier auf eine Muräne stößt, dreht sich der Spieß um, und aus dem Jäger wird der Gejagte. Die Muränen, die Todfeinde auch großer Kopffüßer, verbringen den Tag über an ihrem Ruheplatz. Sie haben sich in tiefe Felsspalten zurückgezogen. Dann ist von ihnen, wenn überhaupt, nur ihr Kopf zu sehen. Zur Atmung haben sie das Maul fast ständig leicht geöffnet. Als nachtaktive Räuber machen die Muränen Jagd auf schlafende Fische und auf Kraken. Ihre nadelspitzen Zähne sind reine Fangzähne, sie dienen ausschließlich dem Festhalten der glitschigen Beutetiere, die unzerkleinert verschlungen werden. Ihre Opfer spüren die Muränen mit ihrem empfindlichen Geruchssinn auf. Und hier hat der Polyp seine Chance. Gelingt es ihm, den Geruchssinn der angreifenden Muräne auszuschalten, kommt er noch einmal mit dem Leben davon. Genau diese Funktion erfüllt die Tintenwolke, die der Polyp bei Gefahr ausstößt. Als „chemische Keule“ legt das Tintensekret den Geruchssinn des Angreifers lahm. Ist eine Muräne von der Tintenwolke des fliehenden Kraken voll getroffen worden, ist sie für ein bis zwei Stunden geruchsblind. Der Krake hat eine gute Chance, dem nächtlichen Angriff des Raubfisches noch einmal zu entkommen.

Was aber machen schlafende Fische? Einige von ihnen wachen erst auf, wenn es längst zu spät ist: zwischen den kräftigen Kiefern einer hungrigen Muräne. Gegen diese nächtliche Gefahr haben viele Papageifische eine Überlebensstrategie entwickelt, die unter den Fischen einzigartig ist: Sie ziehen sich Nacht für Nacht in eine Schlafglocke zurück. Haben diese Papageifische bei Einbruch der Dunkelheit ein geschütztes Plätzchen gefunden, an dem sie sich zum Schlafen niederlassen, beginnen

△ *Typisch für die nahezu durchsichtigen Einhorngarnelen* (Plesionika narval) *sind blaue Eier, die vom Weibchen am Bauch getragen werden.*

spezielle Drüsen hinter den beiden Kiemendeckeln mit der Schleimproduktion. Zusammen mit dem Atemwasser tritt der Schleim aus der Kiemenspalte aus und hüllt den Fisch nach und nach vollständig ein. Die Hypothese, daß diese durchsichtige Schleimglocke tatsächlich die jagende Muräne täuscht, wurde von Verhaltensforschern in

△ *Vom Licht der Unterwasserlampe gestört, streckt eine winzige Krabbe im Korallenriff der Malediven ihre beiden Scheren dem vermeintlichen Angreifer entgegen.*

Aquarienversuchen geprüft. Das Ergebnis ihrer aufwendigen Versuchsreihen war eindeutig: Die Schleimhülle ist eine äußerst wirkungsvolle Tarnkappe. Muränen machen sofort schnelle, zustoßende Schnappbewegungen, wenn sie ein Beutetier mit ihrer empfindlichen Schnauze berührt haben. Diese Schnappbewegungen werden nicht ausgelöst, wenn die Muräne mit ihrer Schnauze gegen die Schleimhülle eines Papageifisches stößt. So ist der Eindruck vom lächelnden Papageifisch gar nicht so falsch: Ein schlafender Papageifisch hat – in seiner Schlafglocke – wahrlich gut lachen.

Blattmimese

Das Nachahmen von Blättern ist im Tierreich weit verbreitet. Vor allem bei den Insekten findet man die erstaunlichsten Anpassungen. Doch auch bei den Meeresfischen gibt es einige Beispiele für diese Art der Tarnung.

Für alle die Tiere, deren Lebensraum Sträucher, Hecken oder Bäume sind, bietet eine Ähnlichkeit mit den Zweigen, der Baumrinde, den Blättern oder auch den Blüten der Pflanzen einen optimalen Überlebensschutz. So ist es kein Wunder, daß gerade bei den verschiedenen Insekten die Nachahmung von Pflanzenstrukturen bis zur Perfektion betrieben wird.

Auch unter Wasser sind viele Tiere bekannt, die sich erfolgreich durch Nachahmung von Pflanzen tarnen. Das Paradebeispiel unter den Fischen für die Nachahmung von Blättern ist der – deshalb im Deutschen auch so genannte – Blattfisch (Monocirrhus polyacanthus). Er ist als Süßwasserfisch in ruhigen Gewässern Südamerikas beheimatet. Aus dem Meer sind einige Fische bekannt, die den Pflanzen ihrer Umgebung erstaunlich gleichen. Eines der bekanntesten Beispiele aus unseren Breiten sind die Seenadeln, die in Seegraswiesen erst dann entdeckt werden, wenn plötzlich ein Seegras aktiv davonzuschwimmen scheint.

In seinem Buch „Tausend Tricks der Tarnung – Verborgenes Leben im Tierreich" geht der Biologe Otto von Frisch auf die Definition der Begriffe Mimese und Mimikry ausführlich ein: „...Die Tarnung erreicht ihr höchstes und wirkungsvollstes Ziel in der gestaltlichen Ähnlichkeit von Tieren mit irgendwelchen Dingen ihrer Umwelt, bei denen es sich meist um Teile von Pflanzen handelt. Wir sprechen bei einer derartigen gestaltlichen Ähnlichkeit von Mimese. Das griechische Wort „Mimesis" bedeutet nichts anderes als Nachahmung. Ist das nachgeahmte Vorbild kein Pflanzenteil oder ein unbelebtes Objekt, sondern ein Tier, so haben wir es mit einem Fall von Mimikry zu tun..."

Bei juvenilen Fledermausfischen ist diese Art der Tarnung ebenfalls anzutreffen. Beim Rundkopf-Fledermausfisch (Platax orbicularis) zeigen die Jungfische eine ausgeprägte Blattmimese: Bräunlich gefärbt ähneln sie mit ihren deutlich verlängerten After- und Rükkenflossen einem Blatt. Nur das kleine, kreisrunde schwarze Auge, das teilweise durch einen dunklen Querstreifen getarnt wird, stört die perfekte Nachahmung eines welken Mangrovenblattes. Auch das Verhalten der Jungfische unterstützt die Blattähnlichkeit: Die Fische lassen sich flach über dem Grund von den leichten Wasserbewegungen hin- und herschaukeln. Dabei behalten sie nicht ihre senkrechte Schwimmhaltung bei, sondern lassen sich auf eine Seite fallen.

Einige junge Schermesserfische (Familie Labridae) ahmen ebenfalls abgestorbene Blätter oder Algenfetzen nach. Nicht nur, daß sie in Farbe und Körperumriß den Blättern ähneln, ihr Täuschungsmanöver wird erst durch ihr Verhalten nahezu perfekt. Die Fische legen sich auf die Seite und lassen sich wie ein totes Blatt von der Wasserbewegung über den Grund „hin- und herwehen"!

◁ *Während adulte Schermesserfische (Xyrichtys pavo) bei Gefahr mit dem Kopf voran blitzschnell in den lockeren Sandboden abtauchen,...*

△ *...ahmen die Jungfische abgestorbenes Laub nach, das durch die leichte Wasserbewegung über den Grund geweht wird.*

Versteckspiel

Ob Jäger oder Gejagte, für viele Tiere im Riff ist es von lebensnotwendiger Bedeutung, sich der jeweiligen Umgebung optimal anzupassen. Die unterschiedlichsten Möglichkeiten werden angewandt, um im unmittelbaren Lebensraum nicht aufzufallen. Einigen Tieren wie den Kraken gelingt es sogar, sich in Sekundenschnelle einer neuen Umgebung anzugleichen.

Meister der schnellen Anpassung an den jeweiligen Hinter- und Untergrund sind die Kraken, die mit ihren acht Armen meist über den Meeresboden kriechen. Selten – und dann nur für kurze Strecken – sind die Kraken schwimmend zu beobachten. Die Kraken gelten als die „Chamäleone der Meere“, so perfekt ist ihr aktives Tarnvermögen. Unzählige Chromatophoren, wie die pigmenthaltigen Zellen von den Zoologen genannt werden, machen das möglich. Ein ausgewachsener Krake verfügt über mehr als eine Million dieser Farbzellen, die engmaschig über die gesamte Körperoberfläche angeordnet sind. Diese Chromatophoren sind strahlenförmig von Zellen umgeben, die sich zusammenziehen oder ausdehnen können. Beim Zusammenziehen vergrößern sie die zentrale Pigmentzelle. Blitzschnell wird so die Chromatophore auf das 60fache ihrer ursprünglichen Fläche ausgedehnt – und ebenso schnell wieder verkleinert! Doch nicht nur farblich passen sich die Kraken dem jeweiligen Hinter- oder Untergrund optimal an. Auch die Oberflächenstruktur der Umgebung mit ihrer charakteristischen Licht-Schatten-Wirkung imitieren die Kraken meisterhaft, wie sie es gerade brauchen: Mal ist ihre Haut ganz glatt, dann wieder von großen Warzen

Ein Krake sitzt gut getarnt bewegungslos im Riff und beobachtet mit seinen hochentwickelten Linsenaugen aufmerksam die Umgebung. ▷

◁ *Als sich der Oktopus vom Fotografen entdeckt fühlt, ändert sich in wenigen Sekunden seine Hautfärbung: eben noch braunrot, ist er plötzlich grau-weiß.*

△ *Sich farblich ausgezeichnet der jeweiligen Umgebung anzupassen, ist die Kunst vieler Plattfische, die auch vom Zwergbutt* (Phrynorhombus norvegicus) *meisterlich beherrscht wird.*

Ein Harlekin-Geisterpfeifenfisch (Solenostomus paradoxus) *ist zwischen den vielen Armen eines Haarsterns selbst aus nächster Nähe kaum zu entdecken.* ▷

regelrecht übersät! Wie beim Farbwechsel läuft die Veränderung der Hautstruktur in Sekundenschnelle ab – ein hochorganisiertes Nervensystem macht es möglich.

Nicht nur die Kopffüßer, auch einige Fische können aktiv ihre Färbung schnell verändern, eine Fähigkeit, die für Butte, Schollen oder Flundern, Bewohner der deckungsarmen Schlick- und Sandflächen, von großer Bedeutung ist (S. 12).

Die vielen Arme der Haarsterne dienen einer ganzen Anzahl von Wirbellosen und Fischen als Versteck. Dieser Lebensraum – auf und zwischen den Armen – wird deshalb immer wieder als „Mikrokosmos" bezeichnet. Kleine Garnelen, Würmer und Fische leben in enger Gemeinschaft mit dem Stachelhäuter und verlassen ihr Versteck (fast) nie. Zwischen den vielen Armen der Haarsterne versteckt leben auch die bis zwölf Zentimeter langen Harlekin-Geisterpfeifenfische (Solenostomus paradoxus). Ihre Schwimmhaltung haben sie ganz den Armen der Haarsterne angepaßt: Kopfüber „stehen" die kleinen Fische dieser Familie (Solenostomidae) zwischen den vielen gefiederten Armen des Stachelhäuters. Ihre engsten Verwandten, die Seegras-Geisterpfeifenfische (Solenostomus cyanopterus) ahmen in Körpergestalt, -färbung und -haltung Seegräser nach (Blattmimese), sie sind in den Seegraswiesen im Flachwasser tropischer Riffe kaum zu entdecken.

Doch nicht nur für die Verfolgten, auch für viele Räuber ist es notwendig, nicht erkannt zu werden. Für Lauerräuber wie die Drachenköpfe, Steinfische oder Seeteufel kommt es entscheidend darauf an, von ihren Beutefischen nicht rechtzeitig erkannt zu werden. Sie sind mit ihrer Umgebung total verschmolzen. Die giftigsten aller Fische, die Steinfische (Gattung Synanceia), sind häufige Bewohner des ganz flachen Wassers tropischer Korallenriffe. Sie sind durch ihre Färbung und ihre Oberflächenstruktur praktisch von ihrer Umgebung nicht zu unterscheiden. Wochenlang bleiben sie bewegungslos an derselben Stelle liegen. Oft sind es nur die Augen und die fast senkrechte Maulspalte, die sie verraten. Wie bei den Drachenköpfen – vor allem beim Falschen Steinfisch (Scorpaenopsis diabolus) und beim Bärtigen Drachenkopf (Scorpaenopsis cirrhosa) – werden die Körperumrisse durch charakteristische Hautlappen vor allem im Kopfbereich nahezu aufgelöst.

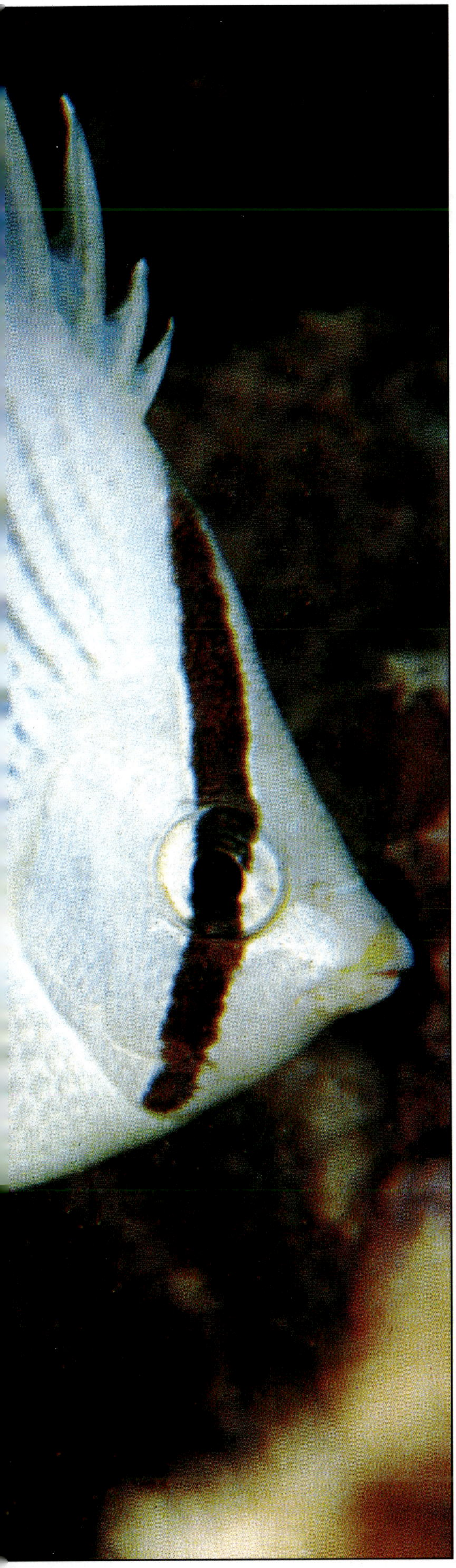

Augen & Augenfleck

Auffallende, kreisrunde Flecken als optische Signale sind im Tierreich nicht selten. Sie irritieren die Räuber, indem diese vom richtigen Auge und damit vom empfindlichen Kopfbereich ihrer Beute abgelenkt werden. Doch das ist sicher nicht die einzige Funktion der Augenflecken, wie die Verhaltensforscher herausgefunden haben.

Der Kopf ist dort, wo das Auge liegt. Das Wirbeltierauge ist äußerst markant – und damit verräterisch. Augen sind mehr oder weniger kreisrund, fast immer tiefschwarz und auffallend glänzend. Für all die Tiere, die sich möglichst unsichtbar machen müssen, um zu überleben, stellt die Tarnung der Augen ein ganz besonderes Problem dar. Die Augen als zwei dunkle, deutlich sichtbare Punkte drohen auch die raffinierteste Tarnung zunichte zu machen. Doch für viele tagaktive Raubfische, die sich vor allem optisch orientieren, ist es nun einmal nicht möglich, auf ihre Augen zu verzichten – sie können sie allenfalls tarnen: Klare Linien wie die Ränder der schwarzen Pupillen werden durch äußerst filigrane Lidstrukturen mehr oder weniger erfolgreich aufgelöst. Die besten Beispiele hierfür sind die Augen der Krokodilsfische, der großen Rochen, der Butte und anderer Lauerräuber wie der Seeteufel.

Aber auch für Friedfische kann es von entscheidendem Vorteil sein, die richtigen Augen so gut wie möglich zu maskieren, um es den vielen Räubern bei ihren Angriffen nicht zu einfach zu machen. So fällt auf, daß

◁ *Beim karibischen Augenfleck-Schmetterlingsfisch* (Chaetodon capistratus) *wird das tatsächliche Auge von einem schwarzen Band getarnt, während ein großer, kreisrunder Augenfleck vom Kopf ablenkt.*

Bei vielen plakativ gefärbten Fischen ist das Auge kaum zu erkennen. Dies gilt für den Imperator-Kaiserfisch (Pomacanthus imperator)... ▷

gerade bei den vielen plakativ gefärbten kleinen Fischen im Riff immer wieder eine Körperzeichnung (und -färbung) zu finden ist, die im Kopfbereich die Augen möglichst gut tarnt. Die Augen werden durch die Zeichnungs-, Struktur- und Färbungsmuster so in die unmittelbare Umgebung des Körpers mit einbezogen, daß sie ab einem gewissen Abstand als auffallende, knopfförmige dunkle Einzelobjekte überhaupt nicht mehr – oder nur noch sehr schwer – zu erkennen sind. Gerade bei den vielen Fischen der flachen und lichtdurchfluteten Wasserschichten der tropischen Korallenriffe ist zu beobachten, wie schwarze Längs- oder Querbänder im Kopfbereich so verlaufen, daß sie die eigentlichen Augen regelrecht „verschlucken". So ist es bei fast allen Schmetterlingsfischen (Familie Chaetodontidae): Ob beim Fähnchen-Falterfisch (Chaetodon auriga) oder beim Keilfleck-Falterfisch (Chaetodon falcula), ein senkrechter, pechschwarzer Kopfstreifen

△ *...wie für den Langmaul-Pinzettfisch* (Forcipiger longirostris), *der zusätzlich einen auffälligen Augenfleck zeigt.*

△ *Auch die Kopfzeichnung des karibischen Virginia-Grunzers* (Anisotremus virginicus) *überdeckt das empfindliche Auge.*

verläuft exakt über dem richtigen Auge. Zum einen irritiert dies mögliche Räuber, die sich bevorzugt nach den Augen ihrer Beutefische orientieren. Die kleinen Säbelzahnschleimfische (Gattungen Runula und Aspidontus), die durch blitzschnelles Vorstoßen regelrecht Hautfetzen aus ihren Opfern herausstanzen, zielen bevorzugt auf die unmittelbare Augenumgebung. Andere

Der Augenflecken- ▷ Mirakelbarsch (Calloplesiops altivelis) *zeigt einem Angreifer seinen „falschen Kopf", der dem Kopf der Perlen-Muräne* (Gymnothorax meleagris) *ähnelt.*

▽ *Das richtige Auge geht dagegen vollständig in der Kopf- und Körperzeichnung des kleinen Mirakelbarsches auf.*

Räuber wie die Krötenfische (Familie Antennariidae) haben nur dann eine Chance, ihre Opfer zu überwältigen, wenn sie beim blitzschnellen „Saugschnappen" die Beute Kopf voran schlucken. Auch hier haben die möglichen Beutefische, die es verstehen, ihren Kopfbereich durch Tarnung der Augen möglichst unauffällig zu gestalten, größere Überlebenschancen.

Die Tarnung der richtigen Augen ist eine Möglichkeit, vom Kopf abzulenken. Vielen genügt dies jedoch nicht. Bei diesen Arten haben sich auffällige Flecken außerhalb des Kopfbereichs entwickelt, die als sogenannte „Augenflecken" gezielt vom natürlichen Kopfbereich ablenken.

Die Verhaltensforscher, die sich mit der Tarnung der Augen – bei gleichzeitiger

Ausbildung von Augenflecken (meist) im Schwanzbereich des Fisches – ausführlich beschäftigt haben, kommen zu dem Schluß, daß es sich dabei auch um einen Schutz vor den aggressiven Attacken der eigenen Artgenossen handeln könnte. Der Konkurrenzdruck im Riff ist oft groß. Kein Wunder, daß die einzelnen Fische vehement ihr Territorium verteidigen, das sie sich mühsam erobert haben. Jeder Artgenosse, der es wagt, in das Territorium einzudringen, wird entschlossen angegriffen. Dabei zielen die kleinen Riffbewohner bei ihren Angriffen auf den Augenbereich der Artgenossen. Es bleibt nicht bei Scheinangriffen: Immer wieder ist zu beobachten, daß der Artgenosse vom Rivalen gerammt wird.

In seinem ausgezeichneten Buch „Bericht aus dem Riff – Ein Verhaltensforscher experimentiert im Meer“ (Piper Verlag, München 1976) geht Hans W. Fricke auch auf dieses Problem ein. Sowohl für das immer wieder angeführte „Paradebeispiel“ für Augenflecken, den karibischen Augenfleck-Schmetterlingsfisch (Chaetodon capistratus) als auch für den indopazifischen Kupferstreifen-Pinzettfisch (Chelmon rostratus) beschreibt er das innerartliche stark ritualisierte Breitseitendrohen zwischen gleichgroßen Tieren. Die beiden Fische orientieren sich bei ihren Kämpfen antiparallel zueinander und sehen sich gegenseitig in den falschen Augenfleck. Angriffe werden gezielt auf diese Augenflecken des Rivalen geführt. Damit hat die auffallende Augenattrappe auch die Funktion, bei innerartlichen Kämpfen die Angriffe auf eine weniger empfindliche Körperregion als die Kopfpartie zu lenken, um die Verletzungsgefahr möglichst gering zu halten. Doch das ist noch nicht alles: Bei beiden Fischarten können die Unterlegenen durch willkürliches Verändern der Augenflecken ihre Bereitschaft zur Aufgabe dem stärkeren Artgenossen im wahrsten Sinne des Wortes „signalisieren“!

Von der Augentarnung über den Augenflecken zum „falschen Kopf“: Bei dem etwa 15 Zentimeter großen Augenflecken-Mirakelbarsch (Calloplesiops altivelis) ist das eigentliche Auge durch die Grundmusterung des Fischkörpers selbst aus nächster Nähe kaum noch zu erkennen. Der relativ kleine Augenfleck dagegen, der sich an der Basis der Rückenflosse in Schwanznähe befindet, fällt als kreisrunder, schwarzer Fleck mit einem leuchtend gelben Rand sofort auf. Doch was für diesen Mirakelbarsch so erstaunlich ist, ist sein Verhalten, wenn er sich bedroht fühlt. Der Augenfleck-Mirakelbarsch zieht sich – Kopf voran – in enge Spalten des Korallenriffs zurück. Bei unmittelbarer Bedrohung streckt er seine Schwanzflosse dem Angreifer entgegen, wobei er After-, Rücken- und Schwanzflosse spreizt. So wird zusammen mit dem Augenfleck ein Muster deutlich, das schemenhaft dem Kopf der Perlen-Muräne (Gymnothorax meleagris) gleicht, die im Biotop des Mirakelbarsches als gefräßiger Räuber von fast allen Riffbewohnern gefürchtet ist.

◁ *Bei einigen Raubfischen wie dem Blaupunkt-Rochen* (Taeniura lymma) *sind filigrane Lidstrukturen zu erkennen, die die schwarze, runde Augenstruktur möglichst auflösen.*

△ *Auch bei den auf Sand- und Geröllgrund lauernden Krokodilsfischen wie dem Gemeinen Plattkopf* (Papilloculiceps longiceps) *wird so das auffallende Auge teilweise getarnt.*

Gestalts-auflösung

Zu den farbenprächtigsten Fischen tropischer Riffe zählen die Juwelen-Zackenbarsche. Ihre Farbenpracht kommt allerdings nur im künstlichen Blitzlicht der Unterwasserfotografen oder im Licht der Unterwasserlampen zur Geltung. In ihrem natürlichen Biotop unterhalb von zehn Metern dagegen sind diese Fische dank ihrer Körperfärbung und -zeichnung hervorragend getarnt.

△ *Dank der Körperzeichnung und -färbung hebt sich der Umriß des Seeskorpions* (Myoxocephalus scorpius) *kaum von der Umgebung ab.*

◁ *Auch der bis zu einem Meter große Marmorierte Zackenbarsch* (Epinephelus inermis) *aus der Karibik ist mit seiner unregelmäßigen Hell-Dunkel-Zeichnung gut getarnt.*

Das Farbfoto eines Juwelen-Zackenbarsches läßt auf den ersten Blick kaum vermuten, daß ausgerechnet dieser Zackenbarsch mit seinem leuchtenden Rot und den blauen Punkten ein Beispiel der „Tarnung durch Gestaltsauflösung" ist. Wenn er sich im ganz flachen Wasser – oberhalb von fünf Metern – aufhalten würde, wäre er dank seines auffallenden Rots leicht auszumachen. Doch dort, wo der Juwelen-Zackenbarsch bevorzugt lebt, in Tiefen unterhalb von zehn Metern, ist das Rot durch die Absorption des Wassers bereits nahezu voll-

△ *Im ganz flachen Wasser des Indopazifiks lebt der Pfauen-Zackenbarsch* (Cephalopholis argus).

▽ *Der kleine Feen-Büschelbarsch* (Cirrhitichthys oxycephalus) *lauert gut getarnt auf kleine Fische und Wirbellose.*

ständig verschwunden: Für Tiere, die in dieser Tiefe (und tiefer) leben, ist die Farbe Rot die ideale Tarnfärbung.

Kein Wunder, daß diese so erfolgreiche Tarntracht mit geringfügigen Variationen bei mehreren Arten dieser dämmerungsaktiven Räuber anzutreffen ist: Oft ist es alles andere als einfach, Zackenbarsche zu bestimmen. Bei den verschiedenen tropischen Arten der Gattung Cephalopholis sind einige Arten nur sehr schwer voneinander zu unterscheiden. Ob der Juwelen-Zackenbarsch (Cephalopholis miniata), der Vermilon-Zackenbarsch (Cephalopholis oligosticta), der Sechsstreifen-Zackenbarsch (Cephalopholis sexmaculata) oder der Rotmeer-Zackenbarsch (Cephalopholis hemistiktos), alle diese Arten sind von annähernd gleicher Körperform, ihre Grundfarbe ist Rot, der Körper ist mit vielen kleinen blauen Punkten übersät. Kein Wunder, daß es immer wieder zu Verwechslungen zwischen diesen Arten kommt, vor allem zwischen dem Juwelen- und dem Sechsstreifen-Zackenbarsch. Beide Arten werden etwa gleich groß und kommen über weite Bereiche des Indopazifiks unterhalb von zehn Meter gemeinsam vor.

Ein Grund für die Verwechslungen ist darin zu suchen, daß die Zackenbarsche ihre Färbung relativ schnell ändern können. Damit passen sie sich nicht nur ihrer jeweiligen Umgebung besser an, sondern die schnellen Farbänderungen sind auch ein Zeichen ihrer inneren Erregung. So ist vom Juwelen-Zackenbarsch bekannt, daß er in Streßsituationen Streifen bekommt – und das ist gerade das charakteristische Erkennungs-

◁ *Der Juwelen-Zackenbarsch* (Cephalopholis miniata) *lebt in Tiefen unterhalb von acht Metern; dort ist die Rotfärbung die ideale Tarnfarbe.*

merkmal des Sechsstreifen-Zackenbarsches. Oberhalb von zehn Metern kommt eine nahe verwandte Art des Juwelen-Zackenbarsches vor. Bei dem in Körpergröße und -zeichnung sehr ähnlichen Pfauen-Zackenbarsch (Cephalopholis argus) fehlt aber jegliches Rot.

Einerseits ist es von Bedeutung, sich durch die geeignete Färbung nicht von der Umgebung abzuheben. Andererseits ist es wichtig, deutliche Umrisse zu vermeiden. Die verräterische Wirkung eines auffallenden Körperumrisses wird bei vielen Raubfischen, die sich meist im freien Wasser dicht über dem Riff aufhalten, durch eine marmorierte Körperzeichnung möglichst weitgehend aufgehoben. Dieses wird beim Juwelen-Zackenbarsch durch die Punktierung der Körperflächen teilweise erreicht. Besonders ausgeprägt ist die Gestaltsauflösung beim Marmorierten Zackenbarsch (Epinephelus inermis) aus der Karibik. Auch die breiten Bänder des Nassau-Zackenbarsches (Epinephelus striatus) führen zu einer Auflösung des massigen Körpers des bis 130 Zentimeter großen Fisches.

Bei den ganz kleinen Räubern im Riff wie den Büschelbarschen ist die gestaltsauflösende Körperzeichnung ebenfalls weit verbreitet. So ist der Gefleckte Korallenwächter (Cirrhitichthys oxycephalus) dank seiner rotweißen Färbung auf dem von Schwämmen, Algen und kolonialen Seescheiden überwucherten Korallengrund kaum auszumachen. Und auch der Langnasen-Korallenwächter (Oxycirrhites typus) ist zwischen den Ästen der Gorgonien, auf denen er meist in Tiefen unterhalb von 15 Metern lebt, ausgezeichnet getarnt.

▽ *Auch der karibische Nassau-Zackenbarsch* (Epinephelus striatus) *ist dank seiner unregelmäßigen Zeichnung gut getarnt.*

Angriffsmimikry: Die Angler

Sich perfekt der jeweiligen Umgebung anzupassen und darüber hinaus aktiv Beutetiere in ihre Reichweite zu locken, verstehen die faszinierend häßlichen Fühlerfische meisterlich: Kein Wunder, daß die Anglerfische als das Paradebeispiel für „Angriffsmimikry" gelten, wie die Biologen dieses Verhalten bezeichnen. Aber nicht nur die Krötenfische, auch andere Fische wie der Seeteufel haben sich auf diese Jagdtaktik spezialisiert.

Von Schnorchlern und Tauchern werden die meist nur wenige Zentimeter großen Anglerfische (die im Deutschen auch Fühler- oder Krötenfische genannt werden) kaum entdeckt. Die Angler sind ausgezeichnet getarnt, ihre Anpassungsfähigkeit an ihre nächste Umgebung ist nahezu perfekt. Die Fische mit ihrem plumpen Körper ändern je nach Umgebung nicht nur die Hautfärbung, sondern auch die Musterung. Bei einigen Arten dauert diese Anpassung an eine veränderte Umgebung nur wenige Sekunden, bei anderen dagegen mehrere Tage. Das Verschmelzen mit dem Unter- und Hintergrund hat für die Fische zwei wichtige Funktionen. Nicht gesehen zu werden heißt nicht gefressen zu werden – gut getarnt zu sein ist für die meist bewegungslos auf dem Korallenfelsen sitzenden Fische als Schutz vor großen Raubfischen besonders wichtig. Doch nicht nur ihre Raubfeinde, auch die Beutetiere dürfen die Fühlerfische nicht entdecken. Die Tarnung muß so vollkommen sein, daß das Opfer selbst aus allernächster Nähe den Anglerfisch nicht als tödliche Bedrohung erkennt. Die Beute der Anglerfische – die vielen kleinen Fische im Riff – muß dem bewegungslos lauernden Räuber direkt vor das Maul schwimmen, sonst hat der

△ *Kommt ein Beutefisch in die Nähe des Räubers, stellt dieser seine „Angel" auf (unten), um ihn mit seinem Köder direkt vor das Maul zu locken.*

◁ *Auf einem Schwamm lauert bewegungslos ein Karibischer Krötenfisch* (Antennarius multiocellatus) *auf Beute.*

△ *Gerade zehn Zentimeter groß wird der Rückenfleck-Krötenfisch* (Antennarius nummifer)*, der auch an den Küsten Madeiras, der Azoren und der Kanaren vorkommt.*

Mit seinem riesigen Maul kann der Krötenfisch Beute von erstaunlicher Größe schlucken. Diese wird durch das plötzliche Aufreißen des Mauls regelrecht eingesogen. ▷

Angler keine Chance. Erst wenn das ahnungslose Opfer bis auf einen Abstand von etwa zwei Drittel der Körpergröße des Anglerfisches herangekommen ist, kann dieser zuschlagen, funktioniert seine „Saugfalle“: Durch das plötzliche Aufreißen des großen Mauls entsteht im Mund-/Kiemenraum des Anglers ein Unterdruck gegenüber der Umgebung, und das Wasser mitsamt der Beute werden in das weit geöffnete Maul des Räubers gesogen. Diese als „Saugschnappen“ bezeichnete Fangtechnik ist unter den Fischen weit verbreitet. Doch keine andere Art der Saugschnapper kann es mit den Krötenfischen aufnehmen: Schneller geht's nicht! Im Maul-Aufreißen sind die kleinen Anglerfische (Familie Antennariidae) die Weltmeister. Mit den modernsten Filmtechniken haben Wissenschaftler das Fangverhalten dieser Fische untersucht, Bild für Bild die einzelnen Bewegungsabläufe studiert. Höchstauflösende Zeitlupenaufnahmen mit bis zu tausend Bildern in der Sekunde belegen, daß die Anglerfische gerade ganze sechs Millisekunden benötigen, um ihr relativ großes Maul vollständig aufzureißen und das ahnungslose Opfer einzusaugen. Darin sind die Anglerfische konkurrenzlos, so schnell schafft es kein anderer Fisch. Die zweitschnellsten, die tödlich giftigen Steinfische (Familie Scorpaenidae) brauchen dazu mehr als doppelt so lange: 15 Millisekunden.

Auch Trompetenfische, Rotfeuerfische und die Drachenköpfe saugen so ihre Beute ins Maul. Doch wie es die Anglerfische schaffen, so schnell ihr Maul aufzureißen – wobei sich der Unterkiefer senkt und der Oberkiefer vorklappt – das ist den Ichthyologen, den Fischkundlern, heute noch ein Rätsel. Die beiden Zoologen Theodore W. Pietsch und David B. Grobecker, die sich seit Jahren intensiv mit der Biologie der Fühlerfische beschäftigen, schreiben hierzu in ihrem ausgezeichneten Übersichtsartikel zur Systematik und zum Verhalten der Anglerfische: „Das Aufreißen geschieht bei Fühlerfischen überdies unglaublich schnell... So schnell kann sich ein normaler Skelettmuskel gar nicht kontrahieren... Was ermöglicht den Fühlerfischen solche Höchstgeschwindigkeiten – eine besondere Kieferstruktur oder vielleicht einzigartige Gruppen von Muskeln? Unsere

anatomischen Untersuchungen hierzu verliefen erfolglos; überraschenderweise unterscheiden sich die Tiere weder in der Kiefermuskulatur noch im Knochenbau wesentlich von anderen Wirbeltieren. Das Geheimnis gilt es also noch zu lüften. Möglicherweise verfügen Fühlerfische über eine Biomechanik ähnlich dem Sprungmechanismus von Flöhen, die elastische Energie im Brustbereich speichern und dadurch verblüffend hoch springen können. Vielleicht haben Fühlerfische einen Katapult-Mechanismus im Kiefer, der elastische Energie zu speichern und schnell freizusetzen vermag" (aus: Fühlerfische – getarnte Angler; Spektrum der Wissenschaft, August 1990).

Anglerfische sind weltweit verbreitet. Sie leben in den Warmwassergebieten der subtropischen und tropischen Meere nördlich und südlich des Äquators (zirkumtropisches Verbreitungsgebiet). Bisher sind etwa 40 verschiedene Arten aus dieser Fischfamilie bekannt. Die meisten von ihnen bewohnen die Küstenregionen der Philippinen, Indonesiens und der Inselgruppen im südpazifischen Raum. Fast alle „Angler" bevorzugen die küstennahen Flachwassergebiete. Um erfolgreich Beute machen zu können, sind die Angler darauf angewiesen, daß die kleinen Fische ihnen direkt vor das Maul schwimmen – und das überlassen die Fühlerfische keineswegs nur dem Zufall. Ganz im Gegenteil: Eines der auffälligsten Merkmale dieser Räuber ist ihre Angel. Der erste Rückenflossenstrahl ist bei den Anglerfischen zu einer regelrechten Angelrute umfunktioniert. Diese Angeln sind von Art zu Art in Form und Größe unterschiedlich ausgebildet. Häufig dient gerade dieses Merkmal als gute Möglichkeit, die Art eines Fühlerfisches eindeutig zu identifizieren.

Die Angel besteht bei allen Arten aus zwei Teilen: dem Köder und der Angelrute. Besonders der Köder an der Spitze des Rückenflossenstrahls zeigt auffallende Unterschiede. Es gibt Köderstrukturen, die wie kleine Würmer aussehen. Andere dagegen ähneln Kleinkrebsen. Es gibt aber auch Köder, die kleine Fischchen nachzuahmen scheinen. Kommt ein möglicher Beutefisch in die Nähe eines Anglers – wobei Fische bis zur Körpergröße des Anglers als Beute erkannt und geschluckt werden – so beginnt der Fühlerfisch, seine Angel weit nach vorne „auszuwerfen". Damit der kleine Köder an der Spitze der Angel besonders anlockend auf die ausgemachte Beute wirkt, bewegt der

▽ *Der Seeteufel* (Lophius piscatorius)*, im Atlantik wie im Mittelmeer weit verbreitet, zählt ebenfalls zu den Fischen, die mit einer „Angel" ihre Beute aktiv anlocken.*

Krötenfisch seinen ersten Rückenflossenstrahl leicht hin und her. Wehe, der damit angelockte Fisch fällt auf diesen Trick herein und nähert sich neugierig dem vermeintlichen Bissen. Schneller als das menschliche Auge den Bewegungsablauf aufzulösen vermag, verschwindet der Fisch im aufgerissenen Maul des hungrigen Anglers. Dieser Vorgang läuft so blitzartig ab, daß er oft von den Fischen, die gerade noch mit dem Opfer herumschwammen, nicht wahrgenommen wird. So gelingt es den Anglern, nacheinander mehrere Fische zu schlucken, ohne bei den anderen eine Fluchtreaktion auszulösen!

Ein ganz flacher Fisch, der aber nicht zu den Plattfischen zählt, ist der Seeteufel. „Breitmaul" wird der Seeteufel auf norwegisch genannt – wegen seiner riesigen Mundöffnung. Er zählt zu den gefräßigsten Räubern, im flachen Wasser ebenso wie in den Tiefen des Nordostatlantiks und der Nordsee. Vor allem kleinere Dorsche, die über dem Sandgrund nach Freßbarem suchen, müssen auf der Hut sein: Kommen sie einem Seeteufel zu nahe, ist es um sie geschehen. Wie bei den Krötenfischen ist auch beim Seeteufel der erste Rückenflossenstrahl zur Angel umfunktioniert. Auch das Schlucken der Beute durch das plötzliche Aufreißen des großen Mauls ist wie bei den Krötenfischen ein typisches Saugschnappen.

Anders dagegen machen es die Trompetenfische, wenn sie mit ihrer Kinnbartel kleine Fische anlocken. Trompetenfische sind als „schlaue Räuber" für ihre ausgefallene Jagdtaktik bekannt. Sie nähern sich, auf einem anderen Fisch „reitend", unbemerkt ihren Opfern. Ein Papageifisch zum Beispiel, auf dem ein Trompetenfisch reitet, sieht für die vielen kleinen Fische wahrscheinlich wie ein leicht vergrößerter Papageifisch aus – und vor den Papageifischen haben sie keine Angst. So werden sie leichte Beute für den Trompetenfisch, der sich plötzlich von „seinem" Papageifisch löst und sich auf das ahnungslose Opfer stürzt.

Doch das ist nicht die einzige Möglichkeit, die der Trompetenfisch nützt, um Beute zu machen. Auch der Karibische Trompetenfisch (Aulostomus maculatus) betätigt sich als „Angler". Typisch ist seine Tarnhaltung: Mit dem Kopf nach unten stehen die Trompetenfische oft nahezu senkrecht zwischen den „Zweigen" einer Hornkoralle und bewegen sich wie diese. Am Ende seines langen Röhrenmauls hat der Karibische Trompetenfisch am Unterkiefer einen kleinen, bartelähnlichen Hautfortsatz. Dieser dient dem Räuber als Köder, als „Angel", mit dem er Beutetiere anlockt. Krebse oder kleine Fische, die diese Bartel mit etwas Freßbarem verwechseln und deshalb danach schnappen, werden vom Trompetenfisch blitzschnell eingesogen.

△ *Ungewöhnliche Angler: Mit ihrem zipfelförmigen Fortsatz an der Unterlippe locken die Trompetenfische wie der Karibische Trompetenfisch* (Aulostomus maculatus) *ihre Beute an.*

◁ *Die Facettenaugen der Fangschreckenkrebse sind hoch entwickelt. Sie sind beim Bunten Fangschreckenkrebs* (Odontodactylus scyllarus) *kreisrund,...*

...bei den zu den ▷ *Speerern zählenden Arten der Gattung* Lysiosquilla *dagegen länglich. Beide Arten sind im Indopazifik weit verbreitet.*

Mit Hammer und Speer

Fangschreckenkrebse (Ordnung Stomatopoda) sind räuberische Einzelgänger, die zu den wehrhaftesten Bewohnern tropischer Riffe gehören. Je nach der Art, wie ihr zweites, stark vergrößertes Raubbein ausgebildet ist, unterscheidet man „Speerer" und „Schmetterer".

Vorsicht vor den Fangschreckenkrebsen! Diese räuberischen Krustentiere sind äußerst wehrhafte Krebse, die ihrer Beute mit „Hammer und Speer" auflauern. Fangschreckenkrebse sind die Panzerknacker im Riff, die alles zertrümmern, was ihnen vor die Beine kommt. Oder sie speeren ihre Opfer.

Fangschreckenkrebse (im Englischen „Mantis shrimps") verdanken ihren deutschen und englischen Namen einer oberflächlichen Ähnlichkeit mit landlebenden Insekten, den räuberischen Gottesanbeterinnen (Familie Mantidae). Gottesanbeterinnen sind große Fangheuschrecken, deren Vorderbeine zu ausklappbaren Fangapparaten umgewandelt sind, mit denen die Fangheuschrecken im blitzschnellen Vorschlagen ihre Beute, meist andere Insekten, ergreifen.

Das Fangverhalten der Heuschreckenkrebse (Ordnung Stomatopoda) ist dem der Gottesanbeterinnen verblüffend ähnlich. Die ersten fünf Beinpaare der langgestreckten, schlanken Krebse sind klauentragende Fangbeine. Von ihnen ist das zweite gegenüber den anderen wesentlich größer und stärker ausgebildet. Je nach ihrem Beutespektrum ist dieses zweite Fangbeinpaar zum Speeren oder zum Zertrümmern der lebenden Beutetiere geeignet: Die „Speerer" unter den Fangschreckenkrebsen machen geschickt Jagd auf kleine Fische, während die „Zertrümmerer" auch die härtesten Panzer anderer Krebse oder das Gehäuse von Schnecken und die Schalen von Muscheln knacken.

Fangschreckenkrebse orientieren sich vor allem optisch. Mit ihren großen, gestielten Facettenaugen (die im Aufbau und in der Funktion stark den Facettenaugen der Insekten ähneln) beobachten sie ihre Umgebung, bis sie ein passendes Beutetier ausgemacht haben. Die hochentwickelten Augen ermöglichen den Krebsen ein ausgezeichnetes räumliches Sehen, eine unbedingte Voraussetzung für das erfolgreiche Ergreifen freischwimmender Fische, die ahnungslos in die Reichweite der Fangbeine der „Speerer" gekommen sind.

Die „Zertrümmerer" nähern sich vorsichtig ihrem Opfer, das sie mit ihren beiden blitz-

Die bis 15 Zentimeter langen Bunten Fangschreckenkrebse machen als „Schmetterer" vor allem Jagd auf andere Krebse und auf Schnecken. ▷

△ Von den bis zu 40 Zentimeter langen „Speerern" schauen meist nur die Augen aus der Wohnröhre hervor. Nur wenn die Krebse nach ihrer Beute Ausschau halten,...

◁ ...kommen sie mit ihrem Vorderkörper weit aus ihrem Versteck heraus. Ahnungslose kleine Fische, die sich dem Krebs auf Reichweite nähern, werden von diesem blitzschnell „gespeert".

schnell vorschießenden „Hämmern“ regelrecht k.o. schlagen. Selbst große Krabben mit wehrhaften Scheren haben gegen die Fangschreckenkrebse keine Chance, wenn sie sich zum Kampf stellen. Die schützend vor den Kopf erhobenen Scheren halten den zuschlagenden Fangbeinen des Stomatopoden nicht stand. Einem Angriff können sich die Krabben wirkungsvoll nur durch Flucht entziehen. Das scheinen aber auch die Fangschreckenkrebse zu wissen, die so schnell wie möglich die Laufbeine ihrer Opfer zertrümmern! Dann erst wird der Körperpanzer mit drei, vier Schlägen zerschmettert.

Der herrlich gefärbte Fangschreckenkrebs Odontodactylus scyllaris gehört zu diesen „Zertrümmerern“ unter den Heuschreckenkrebsen. Hat er bei seinen Beutestreifzügen in der näheren Umgebung seines Unterschlupfes ein Opfer im wahrsten Sinne des Wortes erst einmal kampf- und bewegungsunfähig geschlagen, macht er sich nicht sofort über die Beute her, sondern schleppt sie in seine Wohnröhre. Hier erst ist der Krebs sicher, ganz ungestört das begehrte Krabben-, Schnecken- oder Muschelfleisch verspeisen zu können. Die zerschlagenen Gehäuse der Beutetiere werden nach dem Mahl als unverdauliche Reste aus der Wohnröhre geworfen, so daß sich nach und nach ein regelrechter Schalenwall um den Eingang zur Wohnröhre bildet. Sieht man sich diesen genauer an, so erhält man einen guten Überblick über das Beutespektrum des hier lebenden Fangschreckenkrebses.

Odontodactylus scyllaris, der im Deutschen seiner herrlichen Körperzeichnung und -färbung wegen nicht zu Unrecht „Bunter Fangschreckenkrebs“ genannt wird, ist im tropischen Warmwassergürtel des Indopazifiks weit verbreitet. Sein Lebensraum ist der Sand- und Geröllgrund der Korallenriffe, vom ganz flachen Wasser bis in Tiefen von über 50 Meter. Ihn kann man auch tagsüber auf einem seiner Beutestreifzüge überraschen, während viele andere Fangschreckenarten sich nur nachts aus ihrem Tagesversteck, einer tiefen Wohnröhre im Meeresboden, hervorwagen. Mit einer

△ Die auffallend gefärbten Schwanzfächer des Bunten Fangschreckenkrebses werden als Augenflecken gedeutet. Diese streckt der Krebs einem vermeintlichen Angreifer entgegen.

Das zweite Fangbeinpaar ist bei den „Zertrümmerern“ unter den Fangschreckenkrebsen enorm vergrößert und zu wirkungsvollen „Hämmern“ umfunktioniert. ▷

△ *Selbst mitten am Tag ist der Bunte Fangschreckenkrebs unterwegs. Von den zu den Stomatopoden zählenden Fangschreckenkrebsen sind über 300 Arten bekannt.*

◁ *Auch im Westatlantik sind die räuberischen Krebse nicht selten. Dieser große „Speerer"* (Lysiosquilla scabricauda) *hat seine Wohnröhre gerade einen Meter unter der Meeresoberfläche im Golf von Mexiko angelegt.*

Körperlänge von 15 Zentimeter zählt der Bunte Fangschreckenkrebs zu den mittelgroßen Arten: die Riesen unter den Fangschreckenkrebsen sind die Gepunkteten Fangschreckenkrebse (Lysiosquilla maculata), die eine Körperlänge von 40 Zentimeter erreichen. Diese Art gehört zu den „Speerern" unter den Fangschreckenkrebsen, die sich vorbeischwimmende Fische greifen. Der Bunte Fangschreckenkrebs ist besonders auffallend gefärbt. Auf Grund von Verhaltensbeobachtungen an Tieren im Freiwasser und im Aquarium nimmt man an, daß die großen Augenflecken am Schwanzende von den Tieren eingesetzt werden, um Angreifer zu erschrecken und in die Flucht zu schlagen. Gewöhnlich sind die Augenflecken nicht sichtbar, werden aber blitzschnell gezeigt, wenn sich der Krebs einem vermeintlichen Verfolger gegenübersieht.

Abstauber

Unzählige flüchtige Partnerschaften lassen sich im Meer beobachten, kurzzeitige Gemeinschaften, die sich situationsbedingt zwischen Individuen verschiedener Tierarten bilden und wieder lösen. Zu diesen zählen die Jagdgemeinschaften zwischen Kraken und Raubfischen, Muränen und Meerbarben, Meerbarben und Stachelmakrelen. Bei vielen dieser losen Beziehungen schließen sich Fische einem Räuber an, der auf der Suche nach Freßbarem durch das Riff stöbert.

Ein Schweinslippfisch (Bodianus sp.) *begleitet eine gründelnde Meerbarbe. Sobald diese einen kleinen Krebs aufscheucht, stößt der Lippfisch zu.* ▷

◁ *Auch der Braune Kugelfisch* (Sphoeroides marmoratus), *der einen räuberischen Kammseestern* (Astropecten aranciacus) *begleitet, betätigt sich als „Abstauber".*

Oft sind es Stachelmakrelen, die den Meerbarben bei ihren Nahrungsstreifzügen durch das Riff als ungebetene Begleiter „hautnah" folgen. ▷

Gelbschwanz-Doktorfische ▷ (Prionurus laticlavius) *ziehen in dichten Schwärmen durch die Gewässer von Galapagos. Sie bieten dem Lederbarsch* (Dermatolepis dermatolepis) *in ihrer Mitte optimale Tarnung, der sich so unerkannt seiner Beute nähert.*

Im gemäßigten östlichen Atlantik ist der bis 20 Zentimeter lange Braune Kugelfisch (Sphoeroides marmoratus) nicht selten. Sein Verbreitungsgebiet reicht von der portugiesischen Festlandsküste bis nach Angola. Auch an den Küsten der Azoren, Madeiras und der Kanaren ist der Braune Kugelfisch in Tiefen zwischen zwei und 50 Meter anzutreffen. Ihn kann man beobachten, wie er die räuberischen Großen Kammseesterne (Astropecten aranciacus) begleitet. Wenn die gefräßigen Stachelhäuter, die alles schlucken, was sie überwältigen können, bei ihren Nahrungsstreifzügen über den lockeren Sandgrund gleiten, versuchen viele bodenlebende Wirbellose, sich durch Flucht rechtzeitig in Sicherheit zu bringen. Auf diese Tiere, meist kleine Krebse, die direkt unter dem Sandgrund leben, haben die Kugelfische nur gewartet. Sie stürzen sich sofort auf alles Freßbare, was die Seesterne bei ihrem Weg über den Meeresboden aufscheuchen.

Auch wenn im Mittelmeer Kraken (Octopus vulgaris) durch das Riff ziehen, um in den engsten Felsspalten nach ihrer Lieblingsspeise, den Krebsen, zu suchen, werden sie gelegentlich von kleineren

△ *Viele verschiedene Fische haben wie dieser Pantherbutt* (Bothus pantherinus) *gelernt, daß es sich lohnt, den im lockeren Meeresboden nach Nahrung suchenden Meerbarben zu folgen.*

Raubfischen wie dem Schriftbarsch (Serranus scriba) begleitet. Die Barsche beobachten ganz genau die Bereiche, die der Oktopus mit seinen acht Armen überstreicht. Sobald eine Garnele oder ein kleiner bodenlebender Fisch sich mit einem „Sprung zur Seite" dem Zugriff der tödlichen Polypenarme entzieht, stößt der Schriftbarsch zu.

Flötenfische (Fistularia commersoni) sind schlanke Fische, die in den subtropisch-tro-

pischen Meeresgebieten durch die Korallenriffe streifen. Von den Trompetenfischen sind die Flötenfische leicht durch ihren lang ausgezogenen Schwanzfaden zu unterscheiden. Auch sie saugen ihre Beute, meist kleine Fische, nach dem „Pipettenprinzip" in die langgestreckte Schnauze ein. Dieses Röhrenmaul zeigt sich dabei als erstaunlich dehnbar. Wie die Trompetenfische nutzen auch die Flötenfische immer wieder Friedfische, um sich den Beutefischen möglichst unbemerkt zu nähern. Ein einzelner Flötenfisch, der bis zu eineinhalb Meter groß wird, ist leicht im Wasser über dem Riff zu erkennen. Ein Flötenfisch dagegen, der sich zum Beispiel in einen Schwarm gründelnder Meerbarben eingeschmuggelt hat, wird von den kleinen Beutefischen kaum entdeckt.

△ *Ein Atlantik-Trompetenfisch* (Aulostomus maculatus) *„reitet" auf einem Spanischen Schweinsfisch* (Bodianus rufus), *um möglichst unerkannt zu bleiben.*

Friedfische als Tarnung für Raubfische – nur sehr wenige Räuber wenden diese raffinierte Jagdtechnik an. Das bekannteste Beispiel sind die schlanken Trompetenfische, die sich – häufig auf Papageifischen „reitend" – unbemerkt ihren Opfern nähern (siehe Seite 89). Neben den Papageifischen benützen die Trompetenfische immer wieder auch Kaninchen- und Schweinsfische als unfreiwillige Jagdgehilfen. In der Karibik, an den herrlichen Tauchplätzen rund um Bonaire (Niederländische Antillen), zeigten die dort häufigen Trompetenfische (Aulostomus maculatus) eine erstaunliche Vorliebe für den Spanischen Schweinsfisch (Bodianus rufus). Wie die Papagei- und Kaninchenfische, so sind auch die Spanischen Schweinsfische von ihrer ungebetenen Begleitung – einem Trompetenfisch direkt über der Rückenflosse – gar nicht begeistert. Wer solch ein ungleiches Paar länger im Auge behält, beobachtet immer das gleiche Schauspiel: Sobald sich ein Trompetenfisch auf einen vorbeischwimmenden Fisch „legt", versucht dieser, den Trompetenfisch mit kurzen, schnellen Fluchtbewegungen wieder abzuschütteln – allerdings meist vergeblich.

Immer wieder sind es die gründelnden Meerbarben, die von anderen Fischen begleitet werden. Wenn die Meerbarben auf der Suche nach einem leckeren Happen regelrecht den Boden durchpflügen, kommt es nicht selten vor, daß sie kleine Tiere aufscheuchen, die in letzter Sekunde vor der „Freßmaschine" flüchten. Darauf haben die „Abstauber" nur gewartet, die sich den Meerbarben regelmäßig als unerwünschte Begleiter anschließen. Sie haben gelernt, daß es sich lohnt, den Meerbarben bei der Nahrungssuche geduldig „über die Schulter" zu schauen. So kann man immer wieder beobachten, wie direkt über oder neben den gründelnden Meerbarben kleinere Stachelmakrelen oder Lippfische wie die Schweinsfische mitschwimmen. Diese warten nur darauf, sofort zustoßen zu können, wenn die

◁ *Auch die schlanken Flötenfische* (Fistularia commersoni) *nutzen immer wieder Friedfischschwärme als Tarnung, um sich ihren Beutefischen unbemerkt nähern zu können.*

Meerbarben etwas Freßbares aufgescheucht haben.

Ganz selten sieht man dagegen die Meerbarben in der Rolle der schlauen Jäger. Manchmal werden Muränen von Meerbarben begleitet. Zwar gehen die meisten Muränen erst nach Einbruch der Dämmerung auf Nahrungssuche, dann, wenn sich die Meerbarben schlafen legen. Doch einige Muränen wie die Graue Muräne (Siderea grisea) ziehen auch mitten am Tage durch das Riff. Dabei suchen sie kleinere, isoliert auf Sandgrund wachsende Korallenblöcke auf, um in deren Schlupflöchern nach Freßbarem zu stöbern. Während die Muräne fast ganz in den Spalten dieser Korallenblöcke verschwindet, legen sich die Meerbarben auf die Lauer. Nach den Tieren, die der stöbernden Muräne zu entkommen suchen und aus dem Korallenblock fliehen, schnappen blitzschnell die leuchtend gelb gefärbten Zitronen-Barben.

Auch große Zackenbarsche zählen zu den schlauen Jägern. Sie nutzen die Deckung von Friedfisch-Schwärmen als Tarnung. An den Küsten der Galapagos-Inseln ist der Lederbarsch (Dermatolepis dermatolepis) nicht selten. Dieser bis zu einem Meter lange Räuber hält sich immer wieder mitten im Schwarm pflanzenfressender Doktorfische auf. Die Gelbschwanz-Doktorfische (Prionurus laticlavius) bilden in diesem Gebiet oft kompakte Schwärme, wenn sie zum Abweiden des Algenbewuchses von Felsen zu Felsen schwimmen. Die Doktorfische, die leicht an ihren zwei dunklen Querstreifen am Kopf und den drei messerscharfen Dornen auf jeder Seite ihrer Schwanzbasis zu erkennen sind, fühlen sich von der Anwesenheit der Zackenbarsche kaum gestört. Warum auch – sie sind mit einer Körpergröße von 35 bis 40 Zentimeter zu groß, um als Beute für den Zackenbarsch in Betracht zu kommen. Dieser dagegen nutzt die Schwarmformation der Doktorfische, um unbemerkt von seinen Beutefischen den Standort im Riff verändern zu können.

△ *Friedfische als Tarnung für Raubfische: Neben Schweins- und Kaninchenfischen sind es immer wieder auch Papageifische, die von den Trompetenfischen begleitet werden.*

Ungeniessbare Pantopoden

Asselspinnen, wie die Pantopoden im Deutschen auch genannt werden, sind schon merkwürdige Meerestiere: Sie scheinen fast nur aus langen, dünnen Beinen zu bestehen.

Ihr winziger Körper ist tatsächlich bei vielen Arten zu klein dafür, alle Organe aufnehmen zu können. So werden die Geschlechtsorgane und Teile des Darmes in die Laufbeine regelrecht ausgelagert. Meist sind die Asselspinnen aus vier Körpersegmenten aufgebaut, von denen jeweils ein Laufbeinpaar ausgeht. Das vordere Segment hat zusätzlich eine Art „Kopffunktion“: Ein kleiner Augenhügel, auf dem rund herum vier Linsenaugen eine 360-Grad-Sicht gewährleisten, liegt im Zentrum auf dem Rücken dieses Segmentes, das ganz vorne den großen Saugrüssel und neben dem ersten Laufbeinpaar drei weitere Extremitätenpaare trägt: die Eiträger, die Cheliceren und die Pedipalpen. Cheliceren und Pedipalpen haben die Funktion von Mundwerkzeugen. Die Eiträger dagegen sehen aus wie zu kurz geratene Laufbeine. Zum Laufen werden diese allerdings nie eingesetzt, sondern sie dienen einem besonderen Zweck: Nach der Paarung übernimmt das Männchen vom Weibchen die befruchteten Eier, die als Ballen an den beiden Eiträgern des Männchens haften bleiben. Nur das Männchen treibt Brutpflege, indem es die relativ großen, aus bis zu tausend Eiern bestehenden Laichballen mit sich herumträgt.

So klein der Hinterleib als winziges „Anhängsel“ des vierten Segmentes auch ist, so groß ist dafür ihr Rüssel, der von den Zoologen „Proboscis“ genannt wird. An der Spitze dieses Rüssels liegt die dreieckige Mundöffnung, mit der die Asselspinnen ihre Nahrung aufnehmen. Als Räuber ernähren sich die Pantopoden von weichhäutigen, festsitzenden oder langsam herumkriechenden Tieren wie Seegurken, Seeanemonen, Moostierchen, Hydrozoen, Schwämmen, Schnekken, Würmern, Weich- und Steinkorallen. Meist leben die Asselspinnen regelrecht in einem Schlaraffenland: Sie schreiten mit ihren vier Laufbeinpaaren langsam über die Moostierchenkolonien oder zwischen den Hydrozoenstöcken umher, stecken hier und dort ihren langen Rüssel in die einzelnen Polypenöffnungen der sessilen (festsitzenden) Tierkolonien und saugen deren Gewebeflüssigkeit auf. Die Saugkraft des Rüssel-Magen-Darm-Traktes ist stark. Aus Aquarienbeobachtungen ist bekannt, daß nicht nur festsitzende Wirbellose, sondern auch kleine Krebstierchen wie die Copepoden von Asselspinnen ergriffen und dann gefressen werden.

Feinde der Pantopoden sind vor allem die Krabben. Um von diesen nicht gefressen zu werden, haben sich die langsamen Asselspinnen einen ganz besonderen Trick einfallen lassen, wie Wissenschaftler der Universität Ulm kürzlich herausfanden. In den Zellen der Außenhaut der Asselspinne Pycnogonum litorale ist ein Häutungshormon in hoher Konzentration angereichert. Strandkrabben (Carcinus maenas), die die Asselspinnen mit ihren Scheren ergreifen und zum Mund führen, lassen ihre Beute schleunigst wieder los. Mit speziellen Sensoren haben sie das Häutungshormon wahrgenommen. Würden sie dieses mit ihrer Beute aufnehmen, würde dadurch bei ihnen eine Häutung ausgelöst. Häutungen sind aber für die Krabben mit einem hohen Risiko verbunden, da sie in der Zeit, bis der neue Panzer aushärtet, schutzlos den vielen Räubern im Riff ausgesetzt sind.

◁ *Die äußerst langsamen Asselspinnen leben räuberisch: Sie machen sich über festsitzende Wirbellose wie die Moostierchen her.*

△ *Mit einer raffinierten „chemischen Kriegsführung“ halten sich die Asselspinnen ihre Feinde – vor allem größere Krebse – vom Leib.*

△ *Sie produzieren ein Häutungshormon, das sie in hoher Konzentration in der Außenhaut speichern und damit mögliche Feinde abschrecken.*

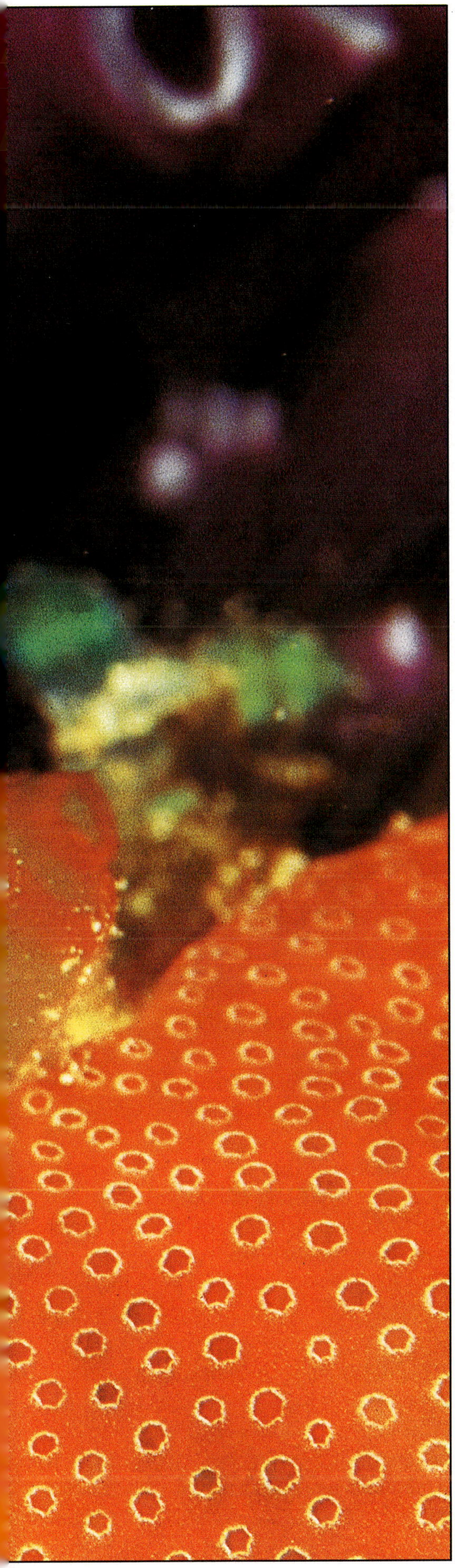

Der stille Kampf der Sesshaften

Ob Schwamm, Seescheide oder Koralle: Für viele der festsitzenden Wirbellosen ist es gar nicht leicht, sich gegen die unzähligen Konkurrenten um Lebensraum zu behaupten.

Auf den richtigen Platz kommt es an. Im Leben einer Seescheide ist ein kurzer Moment von allergrößter Bedeutung, der über Leben und Tod, über schnelles Wachsen oder qualvolles Siechtum entscheidet wie kein anderer: Es ist der Augenblick, wenn sich die bis dahin freischwimmende winzige Larve mit ihrem Vorderpol – „kopfvoran" – auf einem harten Untergrund festsetzt. Danach beginnt eine radikale Umwandlung des Körperbaus (Metamorphose) , das Tier nimmt die charakteristischen Merkmale einer mit dem Hartsubstrat verwachsenen Seescheide an: Der Schwanz der Larve verschwindet, die Mundöffnung wandert auf die entgegengesetzte Seite und entwickelt sich zur großen Einströmöffnung. Nun wird der gerade seßhaft gewordene Tunicat mit einem Problem konfrontiert, das ihn sein Leben lang nicht mehr losläßt – und das die meisten der Manteltiere mit vielen verschiedenen Arten der Seßhaften aus anderen Tierstämmen teilen: Die festsitzenden (sessilen) Tiere können

◁ *Drei verschiedene karibische Seescheiden führen gegeneinander einen erbitterten Kampf um jeden Quadratzentimeter Boden.*

△ *Eine Kammmuschel* (Pedum spondyloideum), *selbst tief in einem Korallenblock eingewachsen, wird von Grünen Riffseescheiden* (Didemnum molle) *besiedelt.*

▷ *Der feste Mantel einer solitären Seescheide wird von noch winzigen koloniebildenden Seescheiden als Besiedlungsfläche genutzt.*

△ *Der Orangene Krustenschwamm* (Mycale laevis) *ist nicht nur ein Raumkonkurrent für die Steinkoralle, die er umwächst: Möglicherweise schützt der Schwamm den Korallenblock vor der Besiedlung durch bohrende Invertebraten.*

nicht einfach weglaufen, wenn es für sie an dem einmal gewählten Standort heikel wird. Steinkorallen, Schwämme, Moostierchen oder Seescheiden sind auf Gedeih und Verderb den Bedingungen ihrer unmittelbaren Umgebung ausgeliefert, sind darauf angewiesen, daß ihnen ihr Leben lang genügend Sauerstoff und genügend Nahrung aus dem umgebenden Meerwasser zugeführt wird. Selbst kurzfristigen Katastrophen können sie sich nicht durch Flucht entziehen.

Dazu kommt die Schwierigkeit der sessilen Tiere, sich gegen die vielen möglichen Freßfeinde erfolgreich zur Wehr zu setzen. Und dann ist da noch die Raumkonkurrenz, das Sich-behaupten-Müssen gegen die unmittelbaren Nachbarn, sich von diesen – im wahrsten Sinne des Wortes – nicht unterkriegen zu lassen. Steinkoralle gegen Seescheide, Schwamm gegen Koralle, Tunicat gegen Schwamm: Die festgewachsenen Tiere arbeiten mit allen Tricks, wenn es darum geht, ihren einmal eingenommenen Platz zu verteidigen und sich Raum zum Wachsen zu verschaffen.

Es sind vor allem die Waffen der chemischen Kriegsführung, die bei diesem stillen Überlebenskampf massiv zum Einsatz kommen: Da wird nicht mit Stoffen gegeizt, die zum Beispiel das Wachstum der anderen hemmen. Auch unerwünschten Pflanzenbewuchs oder Parasiten wissen sich die Seßhaften erfolgreich vom Leib zu halten. Wer der Stärkere ist, wer den anderen erfolgreich in seine Schranken weist oder den Nachbarn tötet, hängt vor allem auch von Umweltfaktoren ab. Dort, wo wenig Licht ist, in tiefen Höhlen, unter ausladenden Überhängen, haben die Schwämme gegenüber

△ *Selbst die nesselnden Tentakel der Geweihkoralle* (Acropora sp.) *haben nicht verhindern können, daß sich Grüne Riffseescheiden* (Didemnum molle) *auf der Steinkoralle festgesetzt haben.*

anderen Seßhaften oft die besseren Karten. Wer schneller wächst, wächst über die Langsameren hinweg: In den lichtdurchfluteten Schichten des Flachwassers tropischer Riffe sind die Wachstumsbedingungen für die Steinkorallen besonders günstig. Hier behalten diese Nesseltiere meist die Oberhand.

Gegen Freßfeinde helfen zwei Dinge: chemischer Schutz durch die Produktion von giftigen oder ungenießbaren Substanzen und mechanischer Schutz durch den Einbau möglichst schwer verdaubarer Strukturen. Bei den Schwämmen sind es die nadelspitzen Sklerite, die den meisten Feinden den Appetit verderben. Bei den Seescheiden ist es der ungenießbare Mantel, der andere Tiere abschreckt. Die für das ganze Tierreich einzigartige Ummantelung des Tierkörpers mit einer zähen, ledrigen Haut hat dieser Tiergruppe auch ihren Namen „Manteltiere" (Tunicata) gegeben. Dieser Mantel ist alles andere als einheitlich: Er kann je nach Art durchscheinend farblos bis hellgelb und völlig glatt sein, oder aber faltig und mit Warzen übersät. Wie die Struktur und Färbung dieses Mantels auch gestaltet ist, fast immer enthält er als Grundsubstanz das Tunicin, das chemisch der pflanzlichen Zellulose erstaunlich ähnlich ist.

Oft ist es für die festsitzenden Tiere (über)lebenswichtig, erfolgreich zu verhindern, daß sich andere Wirbellose auf ihrer Oberfläche ansiedeln. So haben Wissenschaftler herausgefunden, daß der Schwamm Aplysina fistularis ständig halogenierte Alkaloide ausscheidet. Diese Alkaloide sind hochwirksame Naturstoffe, die verhindern, daß sich andere sessile Wirbellose auf der Oberfläche des Schwammes ansiedeln.

Auch potentielle Freßfeinde werden von vielen festsitzenden (und deshalb nicht zur Flucht fähigen) Invertebraten mit Giftstoffen erfolgreich auf Distanz gehalten; das gilt sowohl für Schwämme als auch für Seescheiden. Diese schützen sich vor Räubern mit chemischen Waffen wie zyklischen Peptiden, die noch in geringster Konzentration auf die Fische des Riffs freßhemmend wirken. Didemnin B, wie eines dieser zyklischen Peptide – isoliert aus der Seescheide Trididemnum solidum – genannt wird, hat anscheinend auch wachstumshemmende Wirkung. Es wird derzeit als potentielles Antitumormittel, als ein mögliches Medikament gegen den Krebs, klinisch getestet.

Giftige Meeresfische

Ob Rotfeuerfische, Drachenköpfe, Petermännchen, große Stechrochen oder kleine Korallenwelse: Die aktiv giftigen Meeresfische, die selbst dem Menschen gefährlich werden können, setzen ihre Waffe ausschließlich zu ihrer Verteidigung ein.

Alle Stechrochen zählen zu den aktiv giftigen Fischen. Die Stechrochen halten sich ihre Feinde mit einem (oder mehreren) Giftstacheln vom Leibe. Das sollten vor allem die Unterwasserfotografen nicht vergessen. Natürlich ist das Rochenauge mit dem dahinter liegenden Spritzloch ein lohnendes Motiv, doch die Rochen mögen es gar nicht, wenn der Taucher bei solchen Aufnahmen sein Kameragehäuse fast auf ihre Schnauze drückt. Fühlen sich die Stechrochen in die Enge gedrängt, wird ihnen ihr Fluchtweg verstellt, kann es für den Fotografen brenzlig werden: Mit dem langen, peitschenähnlichen Schwanz, auf dessen Oberseite der kräftige, gezähnte Stachel liegt, können die Rochen in alle Richtungen (!) gezielt nach einem (vermeintlichen) Angreifer schlagen. Dabei wird der mit Widerhaken besetzte Stachel abgespreizt. Beim Eindringen in den Körper des Opfers bleibt das den Stachel umkleidende Drüsengewebe in der Wunde zurück. Das in diesem Gewebe enthaltene Gift führt bei Menschen zu extrem schmerzhaften Verletzungen.

Das Gift der Stechrochen ist in allen Details bisher noch nicht erforscht. Die

◁ *Gestreifte Korallenwelse* (Plotosus lineatus) *ziehen oft in großen Schulen durchs Riff. Mit ihren acht Barteln spüren sie im Sandgrund kleine Wirbellose auf.*

△ *Neben dem ersten Stachelstrahl der Rückenflosse ist auch der vordere Brustflossenstrahl mit Giftdrüsen versehen.*

Die ausgezeichnet getarnten, schwimmfaulen Steinfische (Gattung Synanceia) *gelten als die giftigsten aller Fische. Wie bei den nahe verwandten Rotfeuerfischen und Drachenköpfen tragen die Strahlen der Rücken-, Brust- und Bauchflossen Giftdrüsen.* ▷

Fischkundler gehen davon aus, daß es sich um ein Gemisch von Protein- oder Polypeptidtoxinen handelt, wie es Dietrich Mebs in seinem Buch „Gifte im Riff – Toxikologie und Biochemie eines Lebensraumes“ (erschienen in der Wissenschaftlichen Verlagsgesellschaft, Stuttgart 1989) beschreibt. Der Stich eines Rochens ist äußerst schmerzhaft, er wird von den Getroffenen als brennend und/oder stechend empfunden. In der ersten Stunde nach dem Stich nimmt der Schmerz noch zu. Unbehandelt hält er dann für mehrere Stunden bis Tage an.

Die Verletzungen durch Stechrochen führen oft zu sehr ernsthaften Erkrankungen, die in seltenen Fällen sogar tödlich verlaufen, wie es im wissenschaftlichen Standardwerk über Giftige Meerestiere (Bruce W. Halstead „Poisonous and Venomous Marine Animals of the World“, The Darwin Press, Princeton, USA 1988) an einigen Beispielen konkret belegt wird. So starb ein elfjähriger Junge zweieinhalb Tage nach einer Stichverletzung durch den Amerikanischen Stechrochen (Dasyatis americana), die er sich beim Waten im knietiefen Wasser bei Point Bolivar (Texas) zugezogen hatte. Neben den unmittelbaren Folgen durch das Gift kann es darüber hinaus zu den Heilungsverlauf negativ beeinflussenden Sekundärinfektionen kommen.

Während die meisten Stechrochen wenig auffällig gefärbt sind, zählt der Blaupunkt-Stechrochen (Taeniura lymma) sicher zu den „gefährlichen Schönheiten“ der Meere. Seine gelbbraun gefärbte Körperscheibe ist übersät mit kreisrunden, leuchtend blauen Punkten. Von diesen ist allerdings oft nichts zu sehen, weil der Rochen nahezu vollständig im Sand eingegraben liegt. Nur die Augen sind dann noch zu erkennen sowie die direkt dahinter liegenden Spritzlöcher. Durch die Spritzlöcher atmen die Rochen: Das Wasser wird eingesogen und dann über die bauchseits liegenden Kiemenspalten wieder herausgedrückt.

▽ *Der bis 20 Zentimeter lange Antennen-Feuerfisch* (Pterois antennata) *wird erst nach Einbruch der Dunkelheit munter.*

△ *Wie die Steinfische zählen auch die Drachenköpfe* (Scorpaenopsis sp.) *zu den gut getarnten, meist regungslos im Riff auf ahnungslose Beutefische lauernden Räubern.*

▽ Im Mittelmeer und im gemäßigten Ostatlantik ist das Große Petermännchen (Trachinus draco) *auf den Sandböden weit verbreitet. Die Stachelstrahlen der Rückenflosse sind mit Giftdrüsen versehen.*

△ Meist sind die Petermännchen nahezu vollständig im Sand eingegraben, so daß nur noch die Augen von ihnen zu erkennen sind.

Der Blaupunkt-Stechrochen ist im Roten Meer und Indischen Ozean von der ostafrikanischen Küste bis Indonesien und Australien verbreitet. Sein Vorkommen reicht sogar weit in den Pazifik hinein: Er kommt an den Küsten der Philippinen, Melanesiens und Polynesiens vor.

Zu den Fischen, die zur Abschreckung über ein starkes Gift verfügen, zählen auch die im Indischen Ozean und im Pazifik weit verbreiteten Korallenwelse. Die relativ kleinen Gestreiften Korallenwelse (Plotosus lineatus) sind leicht an der Körperzeichnung, der Körperform und an ihren acht Barteln rund um das Maul zu erkennen. Zwei leuchtend weiße Längsstreifen verlaufen auf jeder Körperseite vom Kopf bis zum Schwanz. Typisch für die Korallenwelse, deren Haut schuppenlos ist, ist auch die spitz zulaufende Form des Schwanzes. Dieser wird von einem durchgehenden Flossensaum aus der zweiten Rückenflosse und der zu dieser symmetrischen Analflosse gebildet. Unmittelbar vor der Afterflosse liegen die Bauchflossen. So klein diese Fische auch sind, die sich frei schwimmend vor allem in den sandigen Lagunen und dicht über den Algenrasen im küstennahen Flachwasserbereich der tropischen Riffe aufhalten, so giftig sind sie. Die Fische, die nur selten eine Körperlänge von 30 Zentimeter erreichen (ihre maximale Körpergröße wird in der Literatur mit 32 Zentimeter angegeben), haben drei zu Giftstacheln umfunktionierte Flossenstrahlen. Die Brustflossen und die erste Rückenflosse sind klein und unauffällig, doch sie haben es – im wahrsten Sinne des Wortes – in sich: Sowohl der erste Rückenflossenstrahl als auch der erste Strahl der paarigen Brustflossen sind besonders kräftig gebaut und stehen in direkter Verbindung mit Giftdrüsen.

Eine Verletzung durch das Plototoxin, wie das bisher noch nicht näher charakterisierte Gift genannt wird, gilt als extrem schmerzhaft, nicht aber als lebensgefährlich. Die ersten zehn Minuten nach einer Stichverletzung sind die schlimmsten: Die Schmerzen sollen kaum auszuhalten sein. Erst nach einer Stunde sollen sie deutlich nachlassen. Aber selbst zwei Tage nach der Verletzung ist das Gewebe um die Einstichstelle noch taub. Peter Vine geht in seinem Buch „Red Sea Safety“ ausführlich auf die Folgen einer Verletzung durch den Stich eines Korallenwelses ein. Er beschreibt einen Verletzten, den ein Gestreifter Korallenwels in den Daumen gestochen hatte. Fünfeinhalb Monate lang konnte der Taucher seinen Daumen nicht benutzen.

Giftiger geht es nicht mehr: Von den vielen giftigen Meeresfischen ist das Gift der Steinfische das gefährlichste. Es wird – wie bei allen anderen Skorpionsfischen auch – als eine reine Verteidigungswaffe eingesetzt. Fühlt sich der Steinfisch gestört oder bedroht, so stellt er seine Rückenflosse auf. An der Basis der einzelnen Flossenstrahlen liegen große Giftdrüsen, die mit einer ganz dünnen Haut überzogen sind. Wird auf diese Giftdrüsen Druck ausgeübt, entleeren sie sich, indem das Drüsensekret über eine feine Rinne im Flossenstachelstrahl geleitet wird. Von dem Gift ist nur bekannt, daß es sich um ein hochtoxisches Eiweißgemisch handelt, eine exakte chemische Analyse steht bis heute noch aus.

Da sich die Symptome einer Verletzung durch einen Stich von Rotfeuerfischen, Drachenköpfen, Teufels- oder Steinfischen sehr ähneln, geht man davon aus, daß es sich bei allen diesen Fischen um Eiweiß-Gifte handeln dürfte. Nur eines ist gewiß: Über das mit Abstand wirkungsvollste Gift verfügen die Steinfische. Unfälle mit Steinfischen führen zu extrem schmerzhaften Verletzungen. Betroffen sind vor allem

Badende, die im flachen Wasser in Strandnähe auf einen Steinfisch treten. Auch die einheimischen Fischer zählen immer wieder zu den Unglücklichen, die beim Leeren ihrer Netze auf die Rückenflosse eines Steinfisches greifen und sich dabei das Gift regelrecht in die eigene Hand injizieren. Es sind tödliche Unfälle durch Steinfisch-Verletzungen belegt – aber diese gelten doch als Ausnahme. Meist sind es schwerste Verletzungen mit einer wochen- bis monatelangen Genesungszeit.

Ausführlich werden die Folgen einer Steinfisch-Stichverletzung von Heinz Gert de Couet im Buch „Gefährliche Meerestiere" (Jahr Verlag) beschrieben: „Unmittelbar nach einer Verletzung durch Steinfische und Drachenköpfe treten meist sehr starke, brennende oder klopfende Schmerzen auf ...Es wurde beschrieben, daß die Betroffenen um sich schlagen, schreien und vor Schmerz das Bewußtsein verlieren. Die unmittelbare Umgebung der Wunde wird blau, umgeben von einem roten Ring. Das betroffene Glied schwillt sehr stark an und wird heiß. Manchmal wird die Hautpartie in der Umgebung des Einstichs gefühllos und in einiger Entfernung davon überempfindlich. Unbehandelt neigen die Verletzungen zu großflächigem Gewebszerfall (Nekrosen), ähnlich wie bei Schlangenbissen, und heilen schlecht. Zusätzlich zu den allgemeinen Symptomen wie Kreislaufversagen und Anschwellen der Lymphknoten kommen bei Steinfischvergiftungen noch schwere Lähmungen vor, die das betroffene Körperglied erfassen und bis zur Atemlähmung und zum Herzversagen führen können."

△ *Auch der auffallend gefärbte Blaupunkt-Stechrochen* (Taeniura lymma) *liegt häufig im Sand eingegraben. Der kräftige Giftstachel auf der Oberseite des Schwanzes wird bei Bewegung abgespreizt. Stechrochen können mit ihrem Schwanz in alle Richtungen gezielt nach einem Angreifer schlagen.*

△ *Für Fische wie den Kreolenbarsch* (Paranthias furcifer) *können die parasitären Fischasseln regelrecht zur Plage werden (links). Die Neongrundel, von dem sich der Kreolenbarsch geduldig putzen läßt, hat keine Möglichkeit, den Fisch von seinem großen Ektoparasiten zu befreien (oben rechts).*

In den karibischen Gewässern sind es vor allem die Kreolenbarsche, die von Fischasseln befallen werden. Dabei setzen sich die Parasiten bevorzugt im Kopfbereich ihres Wirtes fest. ▷

Parasiten: Blutsaugende Fischasseln

Die Mundwerkzeuge der Fischasseln sind zu einem kräftigen Stechrüssel umgebaut. Mit diesem bohrt der ein bis zwei Zentimeter große Krebs seinen Wirt regelrecht an.

Trittbrettfahrer sind bei Meeresbewohnern nicht gerade die Ausnahme: Die Haut der Grauwale ist teilweise dicht von Seepocken besetzt. Großfische wie Haie, Mantas oder auch die Meeresschildkröten transportieren über weite Strecken Schiffshalter. Aber selbst so filigrane Hochseebewohner wie die Quallen lassen sich von kleinen Krabben als energiesparendes Transportmittel (aus)nutzen. Oft ist dabei die Grenze zwischen einer Partnerschaft zu beidseitigem Nutzen (Symbiose), einer Gemeinschaft ohne Schaden für einen der Partner (Kommensalismus) oder aber zum Schmarotzertum (Parasitismus) fließend.

Typische Parasiten sind die kleinen Fischasseln (Isopoden), die immer wieder auf der Haut verschiedener Fischarten anzutreffen sind. Die kleinen Krebstiere sind regelrechte Blutsauger, die sich von der Gewebeflüssigkeit oder dem Blut des Fisches ernähren, auf dem sie sich festgekrallt haben.

Während die meist winzigen Fischflöhe (Copepoden), die auf vielen Fischen (erst bei genauerem Hinsehen, dann aber oft in großer Zahl) zu finden sind, ihren Wirt nicht anstechen, sondern frei auf der Haut umherhuschen und sich dabei von der eiweißreichen Schleimschicht ernähren, die die Fischhaut überzieht, schädigen die Fischasseln ihre Wirte stark. Die schmarotzenden Fischasseln – von den über 8000 bekannten Assel-Arten sind es vor allem die Arten aus der Familie Cymothoidae, die als stationäre Ektoparasiten an Fischen bekannt sind – setzen sich im Larvenstadium an ihrem Fisch fest. Mit zu Klammerbeinen umfunktionierten Füßen krallt sich die Assel an der Fischhaut fest. Zum Fressen bohrt sie ihren Wirt mit den zu einem kräftigen Stechrüssel umgebauten Mundwerkzeugen an.

Wenn die Fischasseln groß sind oder sich an für den Wirt stark behindernden Stellen festkrallen, wird es für den Fisch problematisch. Allerdings erhöht sich auch das Risiko für den Parasiten: Kränkelnde Fische werden zur leichten Beute von Räubern, die ihre Beute „mit Haut und Haaren", mitsamt der Fischasseln, schlucken.

△ *Für die winzigen Seeigelgarnelen* (Tuleariocaris zanzibarica) *ist die Stachelfestung der Diademseeigel ein sicheres Versteck.*

Mit ihren extrem langen und spitzen Stacheln sind die Diademseeigel (Diadema sp.) *äußerst wehrhaft.* ▷

◁ *Die weißen Längsstreifen der Seeigel - Garnele lösen den Körperumriß auf.*

Klimmzüge am Seeigelstachel

In der Stachelfestung der Diademseeigel ist gut leben: Die ausgezeichnet getarnten Seeigel-Garnelen sind dort für ihre Feinde kaum erreichbar.

Lang, länger, am längsten: Die nadelspitzen, bis über 25 Zentimeter langen Stacheln der Diademseeigel sind (nicht nur bei Tauchern) gefürchtet. Sie bieten ihrem Träger einen ausgezeichneten Schutz. So haben diese Seeigel nur ganz wenige Feinde, vor denen sie sich in acht nehmen müssen. Einige wenige Drückerfische haben gelernt, wie dieser Stachelfestung beizukommen ist, ohne sich dabei allzusehr zu verletzen. Die anderen Fische dagegen haben kaum eine Chance, an die begehrten Leckerbissen im Inneren der Diademseeigel heranzukommen.

Der Stachelschutz der Seeigel ist nicht starr, sondern äußerst beweglich. Sobald ein Schatten auf den Stachelhäuter fällt, richtet dieser seine Stacheln dem schattengebenden Objekt entgegen. Der Schutz ist so effektiv, daß die Diademseeigel zu den wenigen Seeigeln zählen, die sich selbst am Tag nicht zu verstecken brauchen. Kein Wunder, daß andere Tiere versuchen, sich als Untermieter in diese Stachelfestung einzuquartieren, um so ihrerseits vor möglichen Freßfeinden optimal geschützt zu sein. Der Seeigel-Kardinalfisch (Siphamia versicolor) ist ein kleiner Fisch in den indopazifischen Korallenriffen, der sich vorzugsweise an der Basis der Stacheln der Diademseeigel aufhält. Zu den Tieren, die sich auf die abschreckende Wirkung der Diademseeigel verlassen, gehören auch kleine Garnelen. Diese haben sich nahezu perfekt dem Leben im Stachelwald angepaßt, den sie freiwillig kaum verlassen.

Diese Seeigel-Garnelen unterscheiden sich dank ihrer Körperform und -färbung kaum von den dunklen Stacheln ihres Wirtes, so daß sie zwischen diesen (fast) nicht mehr zu entdecken sind: Lang gestreckt in der Körperform, dunkelblau bis schwarz in der Färbung, schmiegen sich die Krebstiere dicht an einen der vielen Stacheln. Damit sich der leicht gewölbte Garnelenkörper nicht als Fremdkörper auf einem Seeigelstachel verrät, wird der Körperumriß der Garnele durch einen feinen, weißen Längsstreifen, der auf jeder Seite der Garnele von der Kopf- bis zur Schwanzspitze verläuft, aufgelöst. Wenn der kleine Untermieter, der selten länger als zwei Zentimeter wird, auf Wanderschaft geht und den Seeigelstachel wechselt (oder von einem Seeigel auf einen benachbarten übergeht), so schwimmt die Seeigel-Garnele immer streng parallel zu den umliegenden Stacheln. Nur ganz selten sind zwei Garnelen auf einem Stachel zu entdecken.

Die Garnele auf dem Kissenstern

Viele Arten aus der Gattung der Partnergarnelen (Periclimenes) sind bekannt dafür, daß sie in dauernder Gemeinschaft mit anderen Wirbellosen wie Seeanemonen, Nacktschnecken oder Stachelhäutern leben.

◁ *Seestern-Garnelen* (Periclimenes soror), *deren Lebensraum die Oberfläche der Kissensterne ist, werden meist kaum größer als zehn bis 15 Millimeter. Tagsüber lassen sich die Garnelen nur selten auf der Oberseite der Kissensterne blicken.*

Die Kissensterne (Familie Oreasteridae) sind große, massige Seesterne mit einer sehr breiten Armbasis. Dadurch sind diese handballgroßen Stachelhäuter mehr rund als gesternt. Die für alle Stachelhäuter charakteristische fünfzählige Symmetrie des Körperbaus wird bei den Kissensternen deshalb erst deutlich erkennbar, wenn man ihre fünf Armrinnen auf der Unterseite sieht. Die Kissensterne leben wie einige ihrer engsten Verwandten räuberisch. Sie zählen damit nicht zu den Weidegängern unter den Seesternen, die sich vom „Ablutschen" des Algenbelages ernähren. Mit ihrer äußerst beweglichen Magenschleimhaut schmiegen sie sich dem Untergrund an und verdauen als carnivore Stachelhäuter vor allem Korallen. Nur äußerst langsam

In seiner Färbung ist der Große Kissenstern (Culcita novaeguineae) *äußerst variabel und erreicht einen Durchmesser von 30 Zentimeter.* ▷

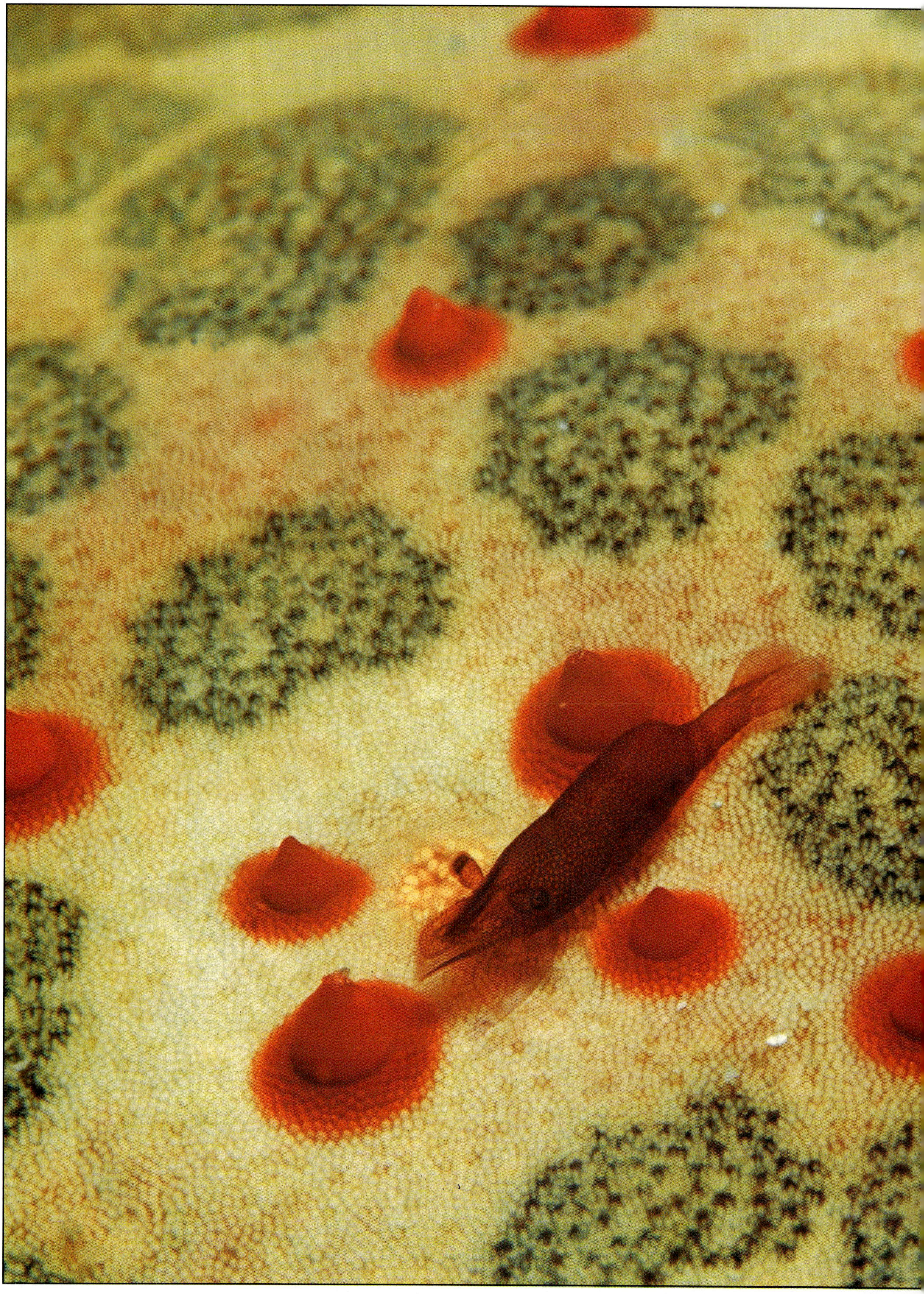

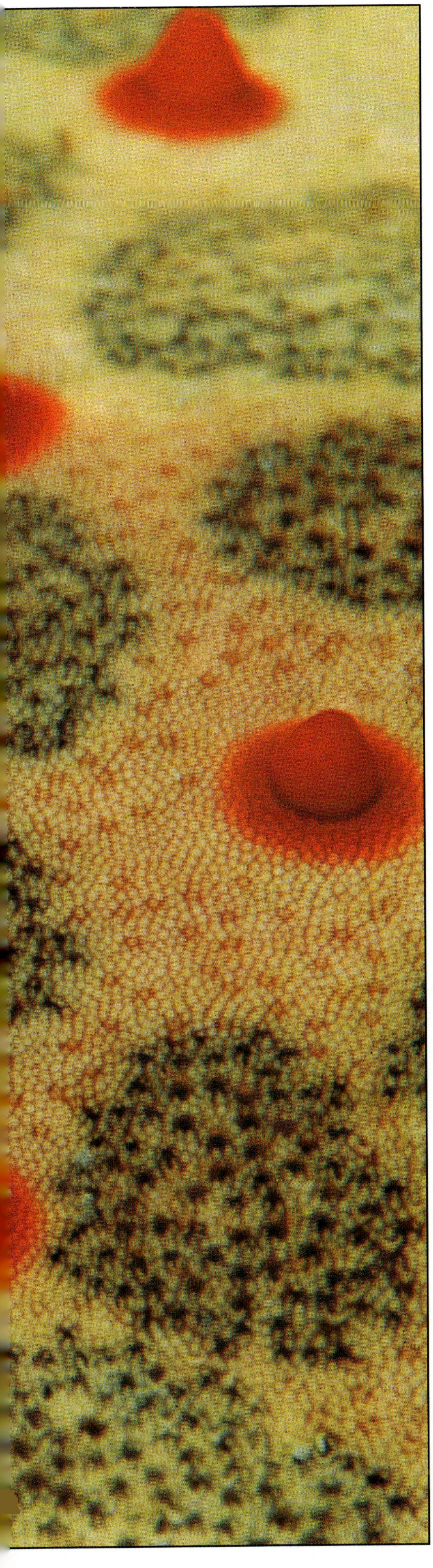

◁ *Partnergarnelen wie die Kissenstern-Garnele* (Periclimenes soror) *müssen bei ihren Nahrungsstreifzügen auf der Oberfläche des Stachelhäuters ständig auf der Hut sein, um nicht von einem ihrer vielen Feinde im Riff entdeckt zu werden.*

bewegen sich diese Stachelhäuter durch das Riff. Im Schneckentempo von wenigen Zentimeter in der Stunde kriechen diese trägen Tiere voran. Sie wechseln ihren Standort erst, wenn sie dazu gezwungen werden: wenn ihnen die Nahrung ausgeht oder ihnen die Sonne zu stark auf die Haut brennt.

Auf sehr vielen dieser großen Kissensterne leben winzige Partnergarnelen, die deshalb auch im Deutschen Seestern-Garnelen (Periclimenes soror) genannt werden. Für die gerade ein bis maximal zwei Zentimeter langen Partnergarnelen ist der Kissenstern ein attraktiver Partner. Auf seiner Oberfläche läßt es sich gut leben. Hier, vor allem aber auch in den fünf Armrinnen, mit denen der Seestern seine Nahrung zum Mund transportiert, finden die Garnelen sicher genug Freßbares. Vor allem aber bietet der Stachelhäuter ihnen ausgezeichnete Versteckmöglichkeiten.

Selten beobachtet man die Krebstiere auf der Oberfläche der Stachelhäuter. Sie bevorzugen die Unterseite der Kissensterne (und auch anderer Stachelhäuter wie der Seegurken). Hier kommt kein Fisch so schnell heran. Doch das haben einige Fische, die es vor allem auf das zarte Krebsfleisch abgesehen haben, schon

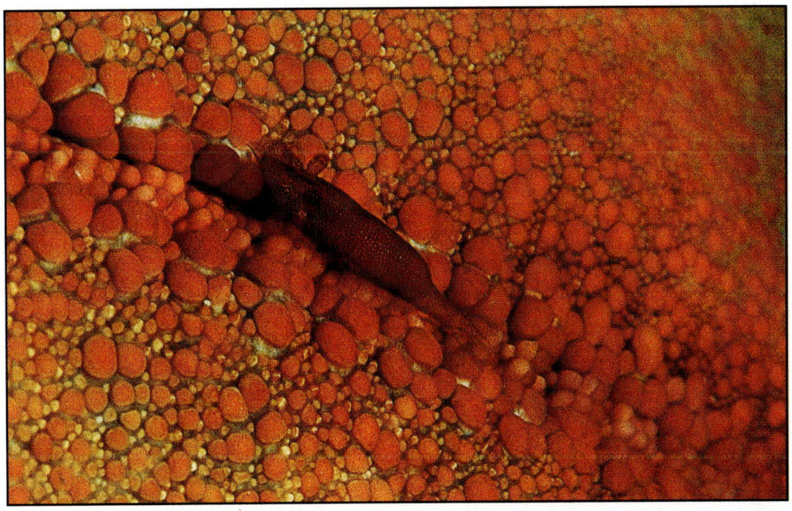

△ *Gut geschützt sind die kleinen Garnelen vor allem auf der Unterseite der Seesterne. In den „Armrinnen" des Stachelhäuters sind die Garnelen kaum zu erkennen.*

mitbekommen. „Seesterne umdrehen" ist daher eine beliebte Beschäftigung der Fische, die sich auf das Fangen der kleinen Krebse spezialisiert haben. Die können nur froh sein, daß die großen Kissenseesterne auch von größeren Fischen nicht so einfach auf den Rücken zu drehen sind. Und das ist für die Garnelen von herausragender Bedeutung, da der Feinddruck für diese kleinen Krebstiere im Riff besonders hoch ist.

Steinkorallen und

Zooxanthellen

Eine Partnerschaft zwischen Pflanze und Tier macht es möglich, daß Myriaden winziger Korallenpolypen ganze Korallenriffe aufbauen.

Die weißen ▷ Flecken im Riff zeugen von einer schweren Störung der Partnerschaft zwischen Steinkorallen und Zooxanthellen.

◁ Nachts strecken die winzigen Polypen der Steinkorallen ihre nesselbewehrten Tentakel zum Planktonfang aus.

Geht es der Stein- ▷ koralle schlecht, trennt sie sich von den einzelligen Algen, die in großer Zahl im Gewe be der Koralle leben.

Die Korallenriffe sind die mächtigsten geologischen Formationen, die je von Organismen geschaffen wurden. Das Große Barriereriff vor der Ostküste Australiens erstreckt sich über 2000 Kilometer. Ganze Länder – wie die Malediven mitten im Indischen Ozean – sind auf Korallenkalk gebaut. Dieser Kalk (Kalziumkarbonat) ist das „Abfallprodukt" der Symbiose zwischen den Polypen der riffbildenden Steinkorallen und einzelligen Algen, den Zooxanthellen. Die Algen leben im Gewebe des Korallentieres in großer Zahl: Bis zu einer Million der einzelligen Algen wurden in einem Quadratzentimeter Korallengewebe gezählt. Wie die Grünpflanzen, so nutzen auch die Zooxanthellen das Sonnenlicht zur Photosynthese, um aus anorganischem Material organische Nährstoffe aufzubauen.

△ *Hirnkorallen wie diese Geriefte Hirnkoralle* (Diploria strigosa) *bilden oft metergroße, massige Blöcke. Ihre Färbung verdanken sie ihren Endosymbionten, den Zooxanthellen.*

Die Färbung der Steinkorallen geht auf das Konto dieser Zooxanthellen. Trennen sich die Korallen von ihren Symbionten, entfärbt sich das Korallengewebe vollständig. Zurück bleiben algenfreie Korallen, deren schneeweißes Kalkskelett jetzt sichtbar wird – die Korallen sind ausgeblichen.

„Coral bleaching", das Ausbleichen der Korallen, beschreibt ein Phänomen, das heute leider weltweit beobachtet wird. Was anfangs nur als lokales Ereignis, beschränkt auf den karibischen Raum, beschrieben wurde, entwickelte sich zu einem Problem, das die Korallenriffe aller Meere betrifft: die Steinkorallen der Südsee ebenso wie die des Indischen Ozeans oder die des Westatlantiks. Das Coral Bleaching stellt heute die Meeresbiologen vor immer neue Rätsel.

Eine längerfristige Störung der Symbiose zwischen den riffbildenden Steinkorallen und den Zooxanthellen führt unweigerlich zum Untergang des betroffenen Korallenriffs – und das bereitet den Meeresbiologen (und den Klimaforschern) große Sorge. Der „Treibhaus-Effekt", das Ansteigen der Temperatur auf der Oberfläche unseres Planeten, bedingt durch eine Zunahme der Kohlendioxid (CO_2)-Konzentration in der Erdatmosphäre, ist eines der zentralen, ungelösten Probleme unserer Zeit. Die Kohlendioxid-Konzentration wird direkt von zwei Faktoren beeinflußt, von den CO_2-produzierenden und den CO_2-verbrauchenden Prozessen. Die Korallenriffe binden das im Meerwasser gelöste Kohlendioxid in Form von Kalk. Dabei spielen die Zooxanthellen im Gewebe der Korallenpolypen eine entscheidende Rolle: Einerseits bauen sie aus CO_2 und Wasser mit Hilfe der Sonnenenergie organische Nährstoffe auf (Kohlendioxid-Fixierung durch Photosynthese). Zum anderen aber fördern die Zooxanthellen dank ihres CO_2-Verbrauchs die Kalkabscheidung der Steinkorallen, in denen sie leben.

Kein Zweifel, die Ursache des Coral Bleaching ist die Trennung der riffbildenden Steinkorallen von ihren Symbionten, den mikroskopisch kleinen einzelligen Algen. Doch warum kommt es zu dieser Trennung, warum dulden plötzlich die Korallen nicht länger ihre pflanzlichen Untermieter, von denen sie doch so bequem laufend mit organischen Nährstoffen und mit dem zur Zellatmung lebensnotwendigen Sauerstoff versorgt werden? Derzeit gibt es noch immer keine wissenschaftlich eindeutig abgesicherte Antwort auf diese Frage.

Es ist den Meeresbiologen schon länger bekannt, daß Streßfaktoren wie Krankheitserreger, Umweltgifte, Verringerung des Salzgehaltes des Meerwassers durch vermehrten Süßwassereintrag oder eine zu hohe Dosis an UV-Strahlung der Lebensgemeinschaft von Korallen und Zooxanthellen schwer zu schaffen machen. Doch eine der Ursachen für den global zu beobachtenden Prozeß des Coral Bleachings scheint zu sein, daß es den Korallen einfach zu heiß wird: Ein wesentlicher Faktor (der auslösende, der entscheidende, der einzige?) ist die Wassertemperatur. Er wird von den wenigen Wissenschaftlern, die sich mit dem komplexen Ökosystem „Korallenriff" auskennen, immer wieder genannt.

Dabei sind die Korallenriffe auf warmes Wasser angewiesen. Nur dort, wo im Laufe des Jahres die Wassertemperatur nicht unter 20 Grad Celsius fällt, wachsen die Steinkorallen so schnell, daß sich Korallenriffe bilden und halten können. Aus diesem Grund kommen die Korallenriffe nur im tropischen Warmwassergürtel nördlich und südlich des Äquators vor, einem schmalen Bereich, der vom Wendekreis des Krebses und vom Wendekreis des Steinbocks begrenzt wird.

Doch nicht nur zu kaltes Wasser verhindert die Riffbildung, auch zu warm darf es nicht sein. Ab 30 Grad Celsius wird es für die Symbiose zwischen den Nesseltieren und den Algen „brenzlig". Die Korrelation zwischen dem Auftreten des Coral Bleaching und einer über 30 Grad Celsius hohen lokalen Wassertemperatur ist auffallend groß. Warum es die Steinkorallen nicht so heiß mögen, dafür haben die Riff-Experten eine plausible Erklärung. Eine höhere Wassertemperatur bedingt eine höhere Stoffwechselaktivität sowohl der Korallen als auch ihrer Symbionten. Durch die erhöhte Photosynthese-Aktivität der Zooxanthellen kommt es zu einer vermehrten Sauerstoffproduktion – und dieser im Gewebe der Korallen freigesetzte Sauerstoff wird den Korallen zuviel. So lebensnotwendig der Sauerstoff für die Zellatmung auch ist – in einer zu hohen Konzentration ist Sauerstoff ein starkes Zellgift.

▽ Tagsüber haben fast alle Steinkorallen ihre Tentakel völlig eingezogen. Dann treten die Strukturen ihres Kalkskeletts deutlich hervor.

Wächtergrundeln

Zur großen Familie der Grundeln (Gobiidae) gehören viele Arten aus verschiedenen Gattungen, die in enger Partnerschaft mit Krebsen auf den freien Sandflächen tropischer Riffe leben. Diese Wächter- oder Partnergrundeln kommen nur im Indischen Ozean und im Pazifik vor.

Grundeln aus ganz unterschiedlichen Gattungen leben in enger, dauerhafter Partnerschaft mit Wirbellosen zusammen: Partnergrundeln, Wächtergrundeln, Symbiosegrundeln. Die verschiedenen deutschen Namen dieser kleinen Grundeln gehen alle auf eine Verhaltensweise zurück, die für diese Fische typisch ist: Die Grundeln sind Partner kleiner Krebse, übernehmen für diese auf den weiten Sandflächen eine Wächterfunktion. Es ist eine echte Symbiose, was die beiden so ungleichen Partner – Fisch und Krebs – miteinander verbindet. Wer sich die Zeit nimmt, einmal länger das Zusammenleben der Grundel mit dem Krebs zu beobachten, der ist überrascht von dem enormen Arbeitsaufwand, den der Krebs leistet. Es ist eine wahre Sisyphus-Arbeit: Unermüdlich schaufelt die kleine Garnele mit ihren Scheren Sand aus der Wohnröhre, die sie mit der Grundel teilt. Ein scheues Paar: Kommt man ihnen zu nahe, sind beide blitzschnell verschwunden. Es ist der Fisch, der wachsam die weiten, ebenen Sandflächen um die gemeinsame Wohnung herum ständig im Auge behält. Wittert er auch nur den Hauch einer Gefahr, wird er unruhig. Der halbblinde Krebs dagegen hält mit einer seiner beiden langen Antennen ständig Körperkontakt zu seinem ungleichen Partner. Die kleinen Krebse müssen auf den deckungsarmen Sandflächen ständig auf der Hut sein, überall lauern räuberische Fische, die es auf das zarte Krebsfleisch abgesehen haben. Gibt die Grundel mit ihrer Körpersprache Signal, daß Gefahr droht – wenn zum Beispiel eine räuberische Stachelmakrele oder eine Flunder sich der gemeinsamen Wohnung zu sehr nähert – zieht sich der Krebs fluchtartig unter den Sandboden zurück. Er zögert keinen Augenblick, wenn die Grundel das Signal zum „Abtauchen“ gibt. Die Grundel folgt dem Krebs, wenn es auch ihr zu mulmig wird.

Bleibt man länger vor der Wohnröhre von Grundel und Krebs liegen, wagen sich beide wieder zaghaft aus ihrem sicheren Unterschlupf hervor. Immer läßt sich die Grundel, deren oft wunderschöne Körperzeichnung nur aus allernächster Nähe zu erkennen ist,

◁ *Mißtrauisch beobachtet Luthers Wächtergrundel* (Amblyeleotris lutheri) *die Umgebung, während der Knallkrebs weiter am gemeinsamen Höhleneingang baut.*

Die Gelbe Wächtergrundel (Cryptocentrus cinctus) *ist im flachen Wasser des Indopazifiks weit verbreitet.* ▷

△ *Nicht selten ist der Knall- oder Pistolenkrebs ebenso groß wie die Wächtergrundel, mit der zusammen er ein verzweigtes Höhlensystem bewohnt.*

▽ *Vier Fischaugen sehen mehr als zwei: Oft leben sowohl die Grundeln als auch die Krebse paarweise in derselben Wohnröhre zusammen.*

zuerst blicken. Ganz langsam, Zentimeter um Zentimeter, kommt sie aus ihrer Wohnröhre hervor. Ist die Luft rein, bleibt sie erst einmal ruhig direkt vor der Röhre liegen. Aber auch wenn sie wieder damit beginnt, den Sand nach Freßbarem abzusuchen oder gezielt nach vorbeidriftendem Zooplankton zu schnappen, bleibt sie äußerst wachsam. Es dauert eine Weile, bis sich auch der Krebs wieder zeigt – und seine Arbeit als Baumeister erneut aufnimmt. Nicht nur, daß er ständig die enge Röhre von feinstem Sand befreit, der nach und nach den Eingang der Wohnung zu verstopfen droht, sondern er betätigt sich als regelrechter Baukünstler, wenn es darum geht, den Eingangsbereich

mit größeren Brocken zu befestigen, mit Bruchstücken von Muschelschalen genauso wie mit pfenniggroßen Steinkorallenbrocken. Die Wohnröhre, die sich der Krebs mit der Grundel teilt, verläuft in einer Tiefe von etwa zehn Zentimeter waagerecht unter der Oberfläche und ist oft wesentlich länger als 50 Zentimeter. So wurden von Wissenschaftlern, die sich mit der Grundel-Krebs-Symbiose eingehender beschäftigten, Gänge gefunden, die über zwei Meter lang waren und bis 55 Zentimeter tief in den Boden führten. Diese Gangsysteme sind für die kleinen, schlanken Tiere recht geräumig: Die Röhren erreichen einen Durchmesser bis vier Zentimeter. Auch wird immer wieder beobachtet, daß Grundel-Krebs-Paare in einem Gangsystem mit mehreren Ausgängen leben. Im Buch „Partnerschaft im Meer" von Robert Patzner und Helmut Debelius (erschienen 1984 im Engelbert Pfriem Verlag, Wuppertal) gehen die Autoren ausführlich auf die Grundel-Krebs-Partnerschaft ein. Hier findet der Leser auch eine Antwort auf die Frage, warum einige Gänge mehrere Ausgänge aufweisen: „Nachts, wenn die Garnele ihre Grabtätigkeit einstellt, bleibt der Eingang durch den eingestürzten Sand verschlossen. Am nächsten Morgen bohrt sich zuerst die Grundel durch den Sand, dann beginnen die Garnelen mit ihrer Arbeit. Häufig wird der

Haupteingang am nächsten Tag an einer anderen Stelle angelegt. Die Entfernung des alten und des neuen Eingangs ist von Garnelenart zu Garnelenart verschieden und beträgt im Durchschnitt zwischen zwei und fünf Zentimeter. In einem Fall wurde eine Entfernung von 80 Zentimeter gemessen. Oft bleibt der tiefer liegende Teil des Gangsystems für längere Zeit erhalten, so daß sich die verschiedenen Öffnungen nie allzuweit von der ursprünglichen entfernen. Des öfteren wurde beobachtet, daß alle Öffnungen auch untertags verschlossen waren. Diese Blockade konnte sogar mehrere Tage dauern."

Alle Krebse, die mit Grundeln zusammenleben, gehören zur Familie der Knallkrebse (Alpheidae). Diese kleinen Garnelen, die meist kaum größer als drei, vier Zentimeter werden, haben noch einen anderen deutschen Namen: Pistolenkrebse. Es ist die wesentlich größere der beiden Scheren, die sogenannte „Knallschere", mit der die Krebse ein pistolenschußartiges Geräusch erzeugen. Durch das plötzlich Schließen dieser Schere erzeugt der Knallkrebs einen scharfen Wasserstrahl – und das seltsame, kurze laute Knallen, das den Krebsen dieser Familie ihren Namen gab. Geräusch und Wasserstrahl sollen einerseits der Verteidigung der Garnele dienen, die vielen möglichen Freßfeinde abschrecken, andererseits soll der Wasserstrahl aber auch gezielt vom Krebs eingesetzt werden, um damit winzige Krebs- oder Fischlarven regelrecht abzuschießen. Doch üblicherweise leben die Krebse vor allem von Mikroorganismen und totem organischem Material (Detritus), das sie vom Sandboden „abweiden".

Knallkrebse sind im Riff überaus häufig, nur lassen sie sich kaum sehen. In den verwinkelten Gangsystemen der größeren Schwämme leben die kleinen Garnelen oft zu vielen Tausenden. Nur die wenigen Arten, die mit den Grundeln auf den weiten Sandflächen tropischer Meeresgebiete ihre Wohnungen teilen, bekommt man gewöhnlich zu Gesicht.

Die verschiedenen Gobiiden der Gattungen Amblyeleotris und Cryptocentrus, die in Symbiose mit den Knallkrebsen leben, zeigen die für die Grundeln typischen Merkmale: Es sind längliche, stumpfköpfige Fische mit einem relativ großen Maul. Die Wächtergrundeln sind typische Lauerräuber, die kleine Wirbellose fressen. Die Männchen betreiben Brutpflege.

Üblicherweise sind die Symbiosegrundeln Grundfische, die fast immer auf dem Boden ruhen und nur selten ganz kurze Strecken schwimmen, um nach etwas Freßbarem zu schnappen. Eine Ausnahme bildet die „Graziöse Symbiosegrundel" (Lotilia graciliosa), auch „Weißkäppchen-Garnelengrundel" genannt. Diese bis dreieinhalb Zentimeter lange und recht scheue Grundel lebt immer mit Knallkrebsen zusammen. Das ungleiche Paar ist auch im Roten Meer nicht selten. Die Weißkäppchen-Garnelengrundel ruht nicht vor dem gemeinsamen Höhleneingang auf dem Boden, sondern schwebt wenige Zentimeter darüber. Auffallend sind ihre großen fächerartigen Brust- und Afterflossen.

▽ *Die kleine Weißkäppchen-Garnelengrundel* (Lotilia graciliosa) *liegt nicht – wie die anderen Wächtergrundeln – auf dem Boden vor ihrem Höhleneingang. Sie zieht es vor, wenige Zentimeter über dem Meeresgrund zu schweben.*

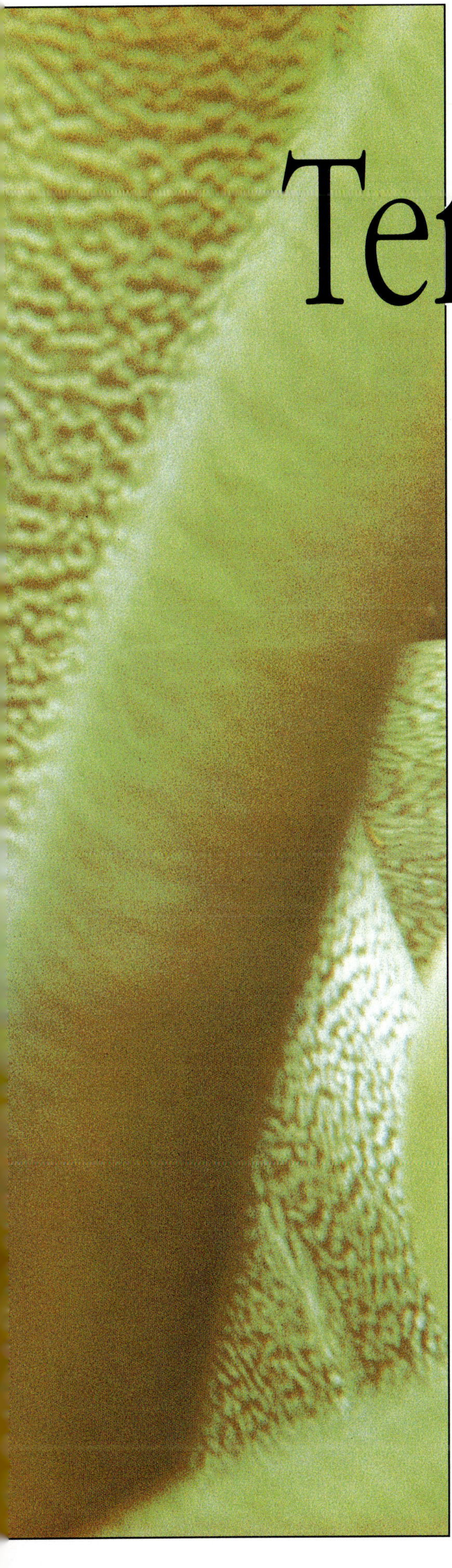

Sicherheit im Tentakelwald

Die Tentakel der Seeanemonen sind übersät mit winzigen Nesselzellen, die sich entladen, sobald sie berührt werden. Nur ganz wenige Tiere, Krebse und Fische, können sich im Tentakelwald aufhalten, ohne genesselt zu werden. Ein idealer Platz, um vor den vielen Räubern geschützt zu sein!

Juvenile ▷ *Blaukopf-Lippfische* (Thalassoma bifasciatum) *fühlen sich zwischen den Tentakeln der Seeanemone geschützt.*

◁ *Die Buckelgarnele* (Thor amboinensis) *ist in den Tropen weltweit verbreitet. Die ein bis zwei Zentimeter großen Garnelen leben auf den Tentakeln der Seeanemonen, ohne von diesen genesselt zu werden.*

Die Oberfläche ▷ *der Seeanemonen-Tentakel ist gespickt mit Nesselzellen, die bei der geringsten Berührung ihr Gift ausschleudern.*

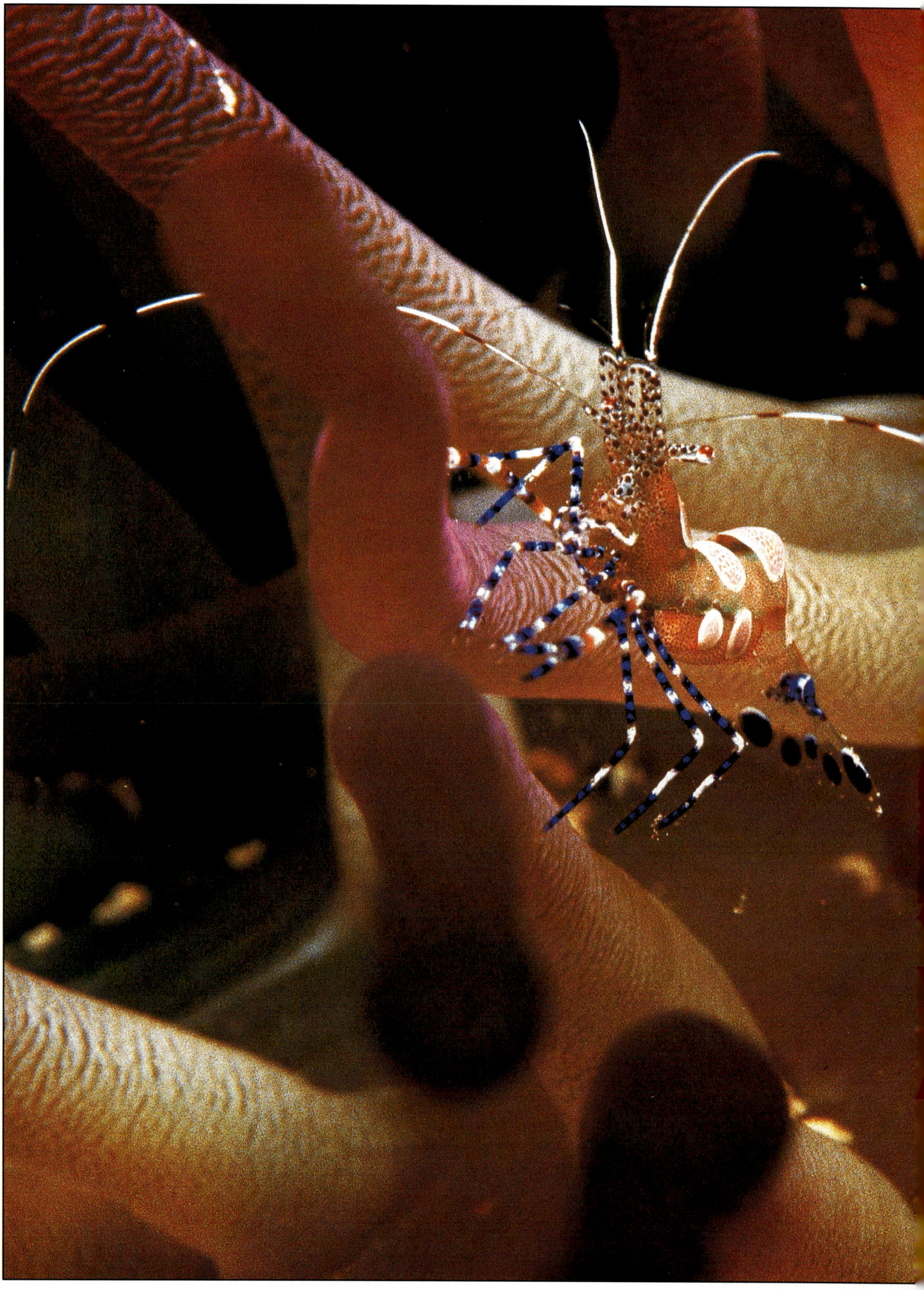

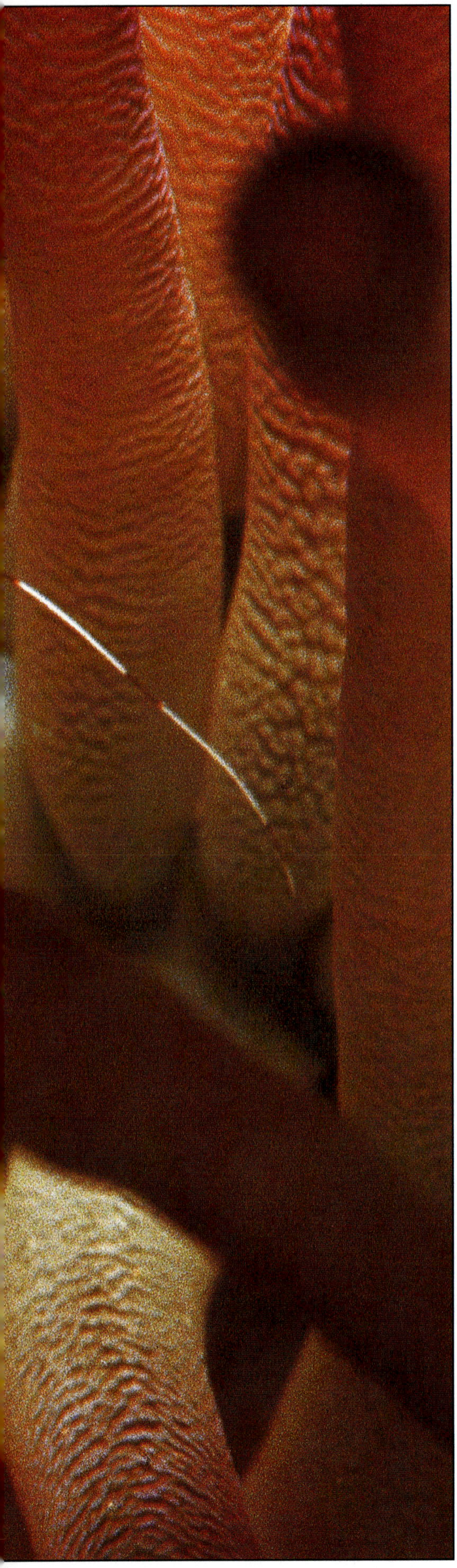

◁ *Die in der Karibik weit verbreitete Gepunktete Putzergarnele* (Periclimenes yucatanicus) *lebt auf den Tentakeln der Riesen-Anemone* (Condylactis gigantea).

Schwamm und Krustenanemone bilden ein in den karibischen Korallenriffen oft vergesellschaftetes Paar zweier seßhafter Wirbelloser. Einige der großen Schwämme sind übersät mit kleinen gelben Krustenanemonen. Manchmal sitzen die Nesseltiere so dicht auf der Schwammoberfläche, daß von dieser kaum noch etwas zu erkennen ist. Nicht ganz zu Unrecht wurde deshalb diese Krustenanemone „Parazoanthus parasiticus" genannt, die „Parasitäre Krustenanemone". Doch der Schein trügt. In Wirklichkeit ist es eine echte Symbiose, die zwischen diesem ungleichen Paar aus Schwamm und Nesseltier besteht. Der Schwamm bietet den Krustenanemonen willkommene Besiedlungsfläche – und erhält dafür (Nessel-)Schutz vor Raubfeinden, wie Experimente von Meeresbiologen eindrucksvoll belegen. Bietet man den wenigen schwammfressenden Fischen, die in der Karibik leben – wie dem großen Franzosen-Kaiserfisch (Pomacanthus paru) oder dem Dreifarben-Kaiser (Holacanthus tricolor) – in

△ *Die nahezu perfekt getarnte Gespensterkrabbe* (Inachus phalangium) *lebt häufig in Gemeinschaft mit der stark nesselnden Wachsrose* (Anemonia sulcata).

Aquarienversuchen Schwammstücke mit und ohne Krustenanemonen an, so fressen die Fische nur diejenigen ohne Nesseltierbewuchs.

Der Schutz, den die vielen verschiedenen Nesseltiere (Cnidaria) anderen Tieren bieten, ist am besten an der Clownfisch/Seeanemonen-Symbiose untersucht worden. Warum die winzigen Nesselkapseln der Seeanemonen ihre Giftpfeile nicht ausschleudern, wenn sie von den Anemonen-

Der Dreifarben-Kaiserfisch (Holacanthus tricolor) *ist ein reiner Schwammfresser: 97 Prozent seiner Nahrung ist Schwammgewebe.* ▷

Auch der Weißpunkt-Feilenfisch (Cantherhines macrocerus) *ernährt sich zu 87 Prozent überwiegend von Schwämmen,...* ▷

...wie auch der Franzosen-Kaiser (Pomacanthus paru), *bei dem Schwämme noch 75 Prozent der Nahrung ausmachen.* ▷

fischen berührt werden, ist immer noch nicht eindeutig geklärt. Doch während es zu dieser Fragestellung eine lange wissenschaftliche Literaturliste gibt, die zeigt, daß sich Meeresbiologen und Verhaltensforscher schon lange mit dieser Fragestellung auseinandersetzen (siehe das folgende Kapitel), wurde an den vielen anderen, weniger auffälligen Lebensgemeinschaften zwischen Nesseltieren und Fischen oder Krebsen kaum geforscht. Dabei gibt es erstaunlich viele Tiere, die – zeitweilig oder auf Dauer – im Schutz der Anemonen leben. Zu den Fischen, die eine Partnerschaft mit Seeanemonen eingehen, gehört auch der karibische Diamantenblenni (Malacoctenus boehlkei), der sich bei Gefahr tief zwischen die Tentakel der großen Anemone Condylactis gigantea zurückzieht. Warum der Diamantenblenni nicht genesselt wird? Keiner weiß es.

Auch Jungfische verschiedener Lippfische fühlen sich im Tentakelwald der Seeanemonen gut geschützt: Die wenigen Zentimeter langen juvenilen Blaukopf- (Thalassoma bifasciatum) und Gelbkopf-Lippfische (Halichoeres garnoti), beides karibische Arten, und die Anemonen-Junker (Thalassoma amblycephalus) aus dem Indischen Ozean gehören zu den Anemonen-Bewohnern.

Auch die Partnerschaft zwischen einem Einsiedlerkrebs und einer Seeanemone ist eine echte Symbiose. Doppelt hält besser, scheinen sich Einsiedlerkrebse (Eupagurus prideauxi) zu denken, die nicht nur auf den Schutz eines Schneckenhauses vertrauen, sondern dieses noch mit stark nesselnden Seeanemonen (Calliactis parasitica) „bepflanzen" (Fotos auf S. 135). Weitere Crustaceen, die kaum den Schutz der Seeanemonen verlassen, sind die karibischen Putzergarnelen wie die Pederson-Putzergarnele (Periclimenes pedersoni), die vor allem mit der Anemone Bartholomea annulata vergesellschaftet ist, und die Gepunktete Putzergarnele (Periclimenes yucatanicus), meist mit der Anemone Condylactis gigantea. Auch die winzige Buckelgarnele (Thor amboinensis), die sowohl in der Karibik als auch im Ostatlantik (Madeira) vorkommt, zieht sich tief zwischen die Tentakel großer Anemonen zurück, wenn sie sich gestört fühlt. Wer sich genauer über die vielen kleinen Garnelen- und Krabbenarten informieren möchte, der ist mit dem kleinen Band „Gepanzerte Meeresritter" von Helmut Debelius (Kernen Verlag) gut beraten. In diesem Buch widmet der Autor den Anemonenkrabben (Gattung Neopetrolisthes) ein eigenes Kapitel und stellt die verschiedenen Arten, ihr Vorkommen und ihr Verhalten ausführlich vor. Diese kleinen Krebstiere mit ihrer wunderschönen Färbung leben in dauernder Partnerschaft mit Seeanemonen, wie es der Name „Anemonenkrabben" schon vermuten läßt. Debelius nimmt an, daß diese Partnerschaft sehr einseitig ist, wohl nur zum Nutzen der Krabben: „Betrachtet man schließlich die Vor- und Nachteile, die beide Partner von-

einander haben, so kann man kaum von einer Symbiose sprechen. Erkennbare Vorteile hat nämlich nur die Neopetrolisthes-Krabbe, die von den nesselnden Tentakeln ihres Wirtes vor Freßfeinden geschützt wird."

Doch möglicherweise bringt das Zusammenleben auch der Seeanemone einen gewissen Nutzen. Stephen Spotte vom Marine Sciences Centre in Connecticut (USA) konnte 1996 nachweisen, daß auch die Anemone einen Vorteil durch das Zusammenleben mit Krebstieren hat. Viele Seeanemonen beherbergen – wie die Steinkorallen – einzellige Algen (Zooxanthellen) als Endosymbionten in ihrem Gewebe. Diese Zooxanthellen benötigen als photosyntheseaktive Algen zum Aufbau von organischen Substanzen Stickstoff, und der ist im Meerwasser nur sehr begrenzt verfügbar. Die Untersuchungen ergaben, daß das Wasser zwischen den unzähligen Tentakeln der Riesen-Anemone Condylactis gigantea mit Gepunkteten Putzergarnelen (Periclimenes yucatanicus) als „Untermieter" einen höheren Ammoniakgehalt aufweist als das Meerwasser zwischen den Tentakeln von Riesen-Anemonen ohne Garnelen. Es sind die Ausscheidungen der Garnelen, die zu diesem erhöhten Stickstoffgehalt führten. Damit werden die Zooxanthellen durch die Garnelen ständig mit wertvollem Dünger versorgt. Da die einzelligen Algen ihre Anemone ernähren, hat auch das Nesseltier – indirekt – seinen Nutzen von den Garnelen.

Auch einige Maskenkrabben leben unter dem Schutz von Nesseltieren. Sie verlassen sich nicht auf die giftigen Minigeschütze der Seeanemonen, sondern nutzen die ebenfalls stark nesselnden Hydrozoen als Abschreckung. Die Krabben befestigen auf ihrem Rückenpanzer ganze Büschel dieser Hydrozoen zur Abschreckung gegen möglichen Freßfeinde. Eine Krake, die es bei ihren Streifzügen auf Krebse abgesehen hat, wird sich hüten, eine Hydrozoen-bewachsene Krabbe in die Arme zu schließen!

▽ *Gegen die hochspezialisierten schwammfressenden Fische (Fotos gegenüber) haben die Schwämme als festsitzende Wirbellose keine Chance – es sei denn, ihre Oberfläche ist durchsetzt mit kleinen, stark nesselnden Krustenanemonen* (Parazoanthus parasiticus).

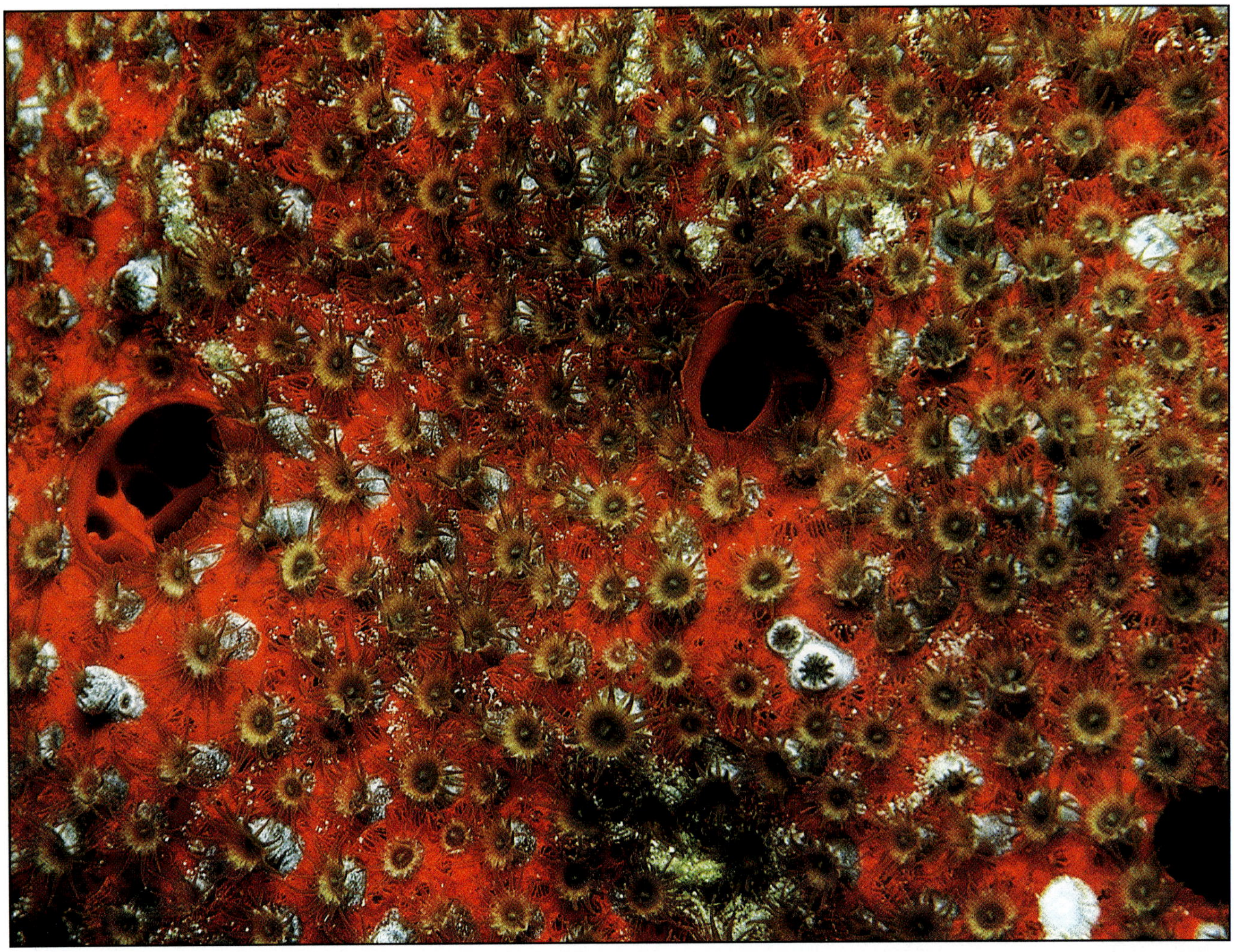

Anemonenfische

Anemonenfische, Riffbarsche der Gattungen Amphiprion und Premnas, werden wegen ihrer plakativen Färbung auch Clownfische genannt. Alle Arten leben in enger Partnerschaft mit Seeanemonen, wobei sie sich sehr wählerisch zeigen: Bisher sind nur zehn verschiedene Aktinien als Partner der Clownfische bekannt.

Das Verbreitungsgebiet des Malediven-Anemonenfisches (Amphiprion nigripes) *beschränkt sich auf die Lakkadiven, Sri Lanka und die Malediven.* ▷

△ *Clarks Anemonenfisch* (Amphiprion clarki) *inmitten der Tentakeln einer Mertens Wirtsanemone* (Stichodactyla mertensi).

◁ *Adulter Weißbinden-Glühkohlen-Anemonenfisch* (Amphiprion frenatus) *aus dem Südchinesischen Meer. Jungfische dieser Art haben eine oder auch zwei Binden.*

Die auffällig gefärbten Clownfische leben in enger Partnerschaft mit stark nesselnden Seeanemonen. Diese Aktinien sind das Zentrum des Lebensraumes der kleinen Fische. Alle Aktivitäten des Clownfisches gehen von hier aus und erstrecken sich nur auf die unmittelbare Umgebung der Anemone. Hier finden die Fische auch ihre Nahrung: Zooplankton, das sie aus dem vorbeidriftenden Wasser schnappen. Und hier finden sie Unterschlupf, wenn ihnen Gefahr droht. Nachts ziehen sich die tagaktiven Clown- oder Anemonenfische zum Schlafen vollständig in den dichten Tentakelwald der Seeanemone zurück.

Ihre Seeanemone verteidigen die meist 12 bis 15 Zentimeter kleinen Fische mit wilder Entschlossenheit. Ungebetene Gäste, die in ihr Revier eindringen, werden sofort heftig attackiert. So greifen Clownfische auch wesentlich größere Fische wie die Falterfische an, die sich der Aktinie nähern, um an deren Tentakelspitzen zu knabbern. Die energischen Attacken der oft nicht einmal zehn Zentimeter großen Anemonenfische verfehlen ihre Wirkung nicht: Die Falterfische haben von den Quälgeistern schnell genug und schwimmen davon.

Lange Zeit war es für die Zoologen ein ungelöstes Problem: Wie schützen sich die Clownfische vor dem tödlichen Gift der Anemone, in deren Tentakeln sie völlig unbehelligt leben? Viele Theorien wurden aufgestellt, diskutiert und wieder verworfen. Sind die Fische gegen das Gift der Nesseltiere immun? Oder aber bewegen sie sich so geschickt zwischen den Tentakeln der Aktinie, daß sie trotz Berührung das Auslösen der raffiniert konstruierten Nesselkapseln verhindern?

Karen Hissmann vom Max-Planck-Institut für Verhaltensphysiologie in Seewiesen hat über dieses Problem ausführlich geforscht. Sie schreibt: „Bereits seit mehr als einem Jahrhundert zerbrechen sich Wissenschaftler über diese Frage den Kopf. Und so gibt es inzwischen jede Menge Freiland- und Laborversuche, um Schritt für Schritt das Geheimnis des Nesselschutzes zu lüften. Wie den folgenden zum Beispiel: Wird einem Amphiprion für ein paar Tage seine Anemone entzogen, so zeigt er bei seiner Rückkehr ein sehr merkwürdiges Verhalten. Nur zögernd nähert sich der Kandidat seinem altbekannten Zuhause, denn trotz vorsichtiger Berührung bleiben die Tentakel an ihm haften, er wird genesselt. Nach und nach wird er dann mutiger, und das Nesseln läßt deutlich nach. Schließlich badet er förmlich im Tentakelwald, was aussieht, als ob er sich mit dem Schleim der Anemone einbalsamiere. Offenbar bewirkt die Trennung von der Aktinie, daß der Nesselschutz in der Schleimschicht des Fisches verlorengeht. Das läßt sich so interpretieren: Durch ständigen Kontakt mit der Anemone übernimmt Amphiprion den Nesselschutz aus ihrem Schleim; wird er aber von ihr getrennt, muß

Oft sind die Seeanemonen groß genug, um mehreren Anemonenfischen wie diesen drei Orange-Ringel-Anemonenfischen ein sicheres Zuhause zu bieten. ▷

▽ *Die Prächtige Wirtsanemone* (Heteractis magnifica) *ist eine von drei Seeanemonen, mit denen der Orange-Ringel-Anemonenfisch* (Amphiprion ocellaris) *zusammenlebt.*

◁ *Der Malediven-Anemonenfisch* (Amphiprion nigripes) *zeigt sich sehr wählerisch: Er lebt ausschließlich in den Tentakeln der Prächtigen Wirtsanemone.*

Je stärker sich der Anemonenfisch (Amphiprion clarki) *gestört fühlt, umso tiefer taucht er in den Tentakelwald seiner Anemone ein.* ▷

Nachts ziehen sich die Anemonenfische (wie Amphiprion clarki) *nahezu vollständig zwischen die schützenden Tentakel der Seeanemone zurück.* ▷

△ *Juvenile Anemonenfische suchen sich „ihre" Seeanemone wahrscheinlich „mit der Nase": Chemische Stoffe, die die Nesseltiere abgeben, werden von den kleinen Fischen erkannt.*

er ihn erneuern. Es ist aber auch möglich, daß das „Bad" in der Anemone die Produktion eines eigenen Schutzstoffes anregt, der Fisch seinen Schutz also selbst herstellt. Doch egal, von wem er stammt: Woraus der Schutz tatsächlich besteht, ist bis heute nicht geklärt. Es können spezielle Schutzstoffe sein, die das Explodieren der Nesselzellen hemmen. Oder aber dem Amphiprionschleim fehlen ganz einfach die Reizstoffe, die normalerweise das Ausschleudern der Nesselzellen bewirken..."

Für den weit verbreiteten Anemonenfisch Amphiprion clarki steht nach aufwendigen Versuchsreihen der Verhaltensforscher fest: Der Schutzstoff, der das Explodieren der Nesselkapseln verhindert, wird von den Fischen selbst produziert. Die Natur ist trickreich. Dieser angeborene Nesselschutz wird von den Fischen nicht immer gebildet. Erst wenn das frühe Larvenstadium vorbei ist, in dem die Larven im freien Wasser leben, wird die fischeigene Schutzstoffproduktion aktiviert. Genau zum gleichen Zeitpunkt beginnen die kleinen Fischchen, sich „ihre" Anemone zu suchen. Aber wie die richtige Art finden? Hier hilft die Aktinie. Chemische Stoffe, die ständig von der Seeanemone abgegeben werden, locken die Fische an. Amphiprion clarki hat also im wahrsten Sinne des Wortes einen „Riecher" für die Nesseltiere, gegen deren Giftkapseln er immun ist. Die Versuche konnten ausschließen, daß sich die Fische optisch nach der „richtigen" Anemone umsehen.

Höchstwahrscheinlich beruht die Symbiose der nah verwandten Anemonenfische auf einem vergleichbaren Mechanismus, doch das ist erst noch zu beweisen.

Der Schutz, den die Nesseltiere den Clownfischen gewähren, ist für diese lebensnotwendig. Ein Raubfisch hütet sich davor, die Clownfische im Bereich der Tentakel ihrer Anemone anzugreifen. Viel zu groß ist sein Respekt vor den Nesselbatterien der Aktinie. Außerhalb der Anemone dagegen haben die kleinen Clownfische keine Chance, sie sind dann schutzlos ein gefundenes Fressen für die unzähligen Räuber im Riff. Doch auch die Anemonen profitieren von dieser Lebensgemeinschaft mit den kleinen Fischen. Es ist bekannt, daß die Fische die Aktinie ständig von kleinen Schmutz- und Sandpartikeln säubern, die auf das Nesseltier fallen. Viel bedeutender ist für die Anemone aber der wirkungsvolle Schutz vor Freßfeinden, den ihre „Untermieter" gewährleisten.

So groß auch das Verbreitungsgebiet der Anemonenfische ist: Im Atlantik gibt es keine Anemonenfische, weder in der Karibik noch im tropischen Ostatlantik. Einige Arten sind auf kleinere Gebiete beschränkt wie der Malediven-Anemonenfisch (Amphiprion nigripes), der nur bei den Malediven, den Lakkadiven und bei Sri Lanka vorkommt. Andere Arten dagegen haben riesige Verbreitungsgebiete wie Clarks Anemonenfisch (Amphiprion clarki), im Deutschen auch als „Dreistreifen-Anemonenfisch" bekannt: Dieser bis zu 14 Zentimeter lange Riffbarsch lebt in den flachen Riffgebieten des Persischen Golfs ebenso wie bei den Malediven, an den Küsten

Westaustraliens, in Melanesien und an den Küsten im Süden Japans. Er zählt zu den Anemonenfischen, die es geschafft haben, mit ganz verschiedenen Arten von Seeanemonen zusammenzuleben.

Insgesamt sind zehn Seeanemonen bekannt, die als Wirtsanemonen in Partnerschaft mit Amphiprion clarki leben: Cryptodendrum adhaesivum, Entacmaea quadricolor, Heteractis aurora, Heteractis crispa, Heteractis magnifica, Heteractis malu, Macrodactyla doreensis, Stichodactyla gigantea, Stichodactyla haddoni und Stichodactyla mertensi. Je nach Gebiet zeigt sich Clarks Anemonenfisch in einem anderen Farbkleid mit erstaunlich großen Unterschieden nicht nur in der Färbung, sondern auch in der Körperzeichnung. So haben die Individuen dieser Art in Vanuatu eine gelb-orange Grundfärbung mit zwei breiten, weißen Querstreifen, während ihre Artgenossen von den Weihnachtsinseln im Indischen Ozean tiefschwarz gefärbt sind, mit zwei breiten Querstreifen und einer ebenfalls schneeweißen Schwanzflosse. Diese dagegen ist bei den Artgenossen von den Malediven leuchtend gelb gefärbt. Da viele Farbvarianten dieser Art nicht drei, sondern nur zwei weiße Streifen zeigen, ist im Deutschen der Name „Clarks Anemonenfisch" dem Namen „Dreistreifen-Anemonenfisch" vorzuziehen.

△ *Den Rotmeer-Anemonenfisch* (Amphiprion bicinctus) *findet man vergesellschaftet mit fünf verschiedenen Seeanemonen. Eine von diesen ist die Blasenanemone* (Entacmaea quadricolor).

◁ *Eine von acht Seeanemonenarten, in denen sich Clarks Anemonenfische sicher fühlen, ist die Ledrige Wirtsanemone* (Heteractis crispa).

Lippfische als Putzer

Putzsymbiosen zählen zu den faszinierendsten Partnerschaften im Riff. Oft sind es kleine Lippfische, die sich um die Körperpflege anderer Fische kümmern und in der Unterfamilie der Putzerlippfische (Labrichthyinae) *zusammengefaßt werden.*

Ein karibischer Doktorfisch (Acanthurus coeruleus) *wird von jungen Spanischen Schweinsfischen* (Bodianus rufus) *geputzt.* ▷

◁ *Geduldig warten dicht an dicht Füsiliere, bis sie an die Reihe kommen. Viel Arbeit für den kleinen Putzer* (Labroides dimidiatus).

Kiemenspalten und Maul der Meerbarbe werden von einem Pärchen Gemeiner Putzer (Labroides dimidiatus) *gesäubert.* ▷

Ob in den Flachwassergebieten der tropischen Korallenriffe oder in den gemäßigten Breiten des Mittelmeeres, Putzsymbiosen sind weit verbreitet. Das gilt für die Putzergarnelen ebenso wie für die vielen verschiedenen Arten von Putzerfischen, die sich nur zeitweilig – während ihrer Jugendzeit – oder immer, als sogenannte „professionelle" Putzer, intensiv um die Körperpflege anderer Fische kümmern.

Tropische Korallenriffe sind mit einem dichten Netz unzähliger Putzerstationen geradezu überzogen. Nur dort, wo ständig geputzt wird, ist die Welt für die Fische des Riffs in Ordnung. Das zeigte besonders deutlich ein Versuch, bei dem Meeresbiologen alle Putzer eines vorher festgelegten Riffabschnittes wegfingen. Die meisten der standorttreuen Fische verließen daraufhin schleunig dieses Riffgebiet, und das Riff verwaiste binnen kurzer Zeit. Nur wenige Fische blieben – und diese zeigten schon bald Krankheitsbilder wie starken Pilzbefall der Haut, der ursächlich auf das fehlende Putzen zurückzuführen ist.

Oft sind es kleine Lippfische, die sich um die Körperpflege anderer Fische kümmern und in der Unterfamilie der Putzerlippfische (*Labrichthyinae*) zusammengefaßt werden. Das Verbreitungsgebiet der verschiedenen Arten aus dieser Unterfamilie (mit den Gattungen *Labrichthys, Labroides, Diproctacanthus, Labropsis* und *Larabicus*) beschränkt sich auf den Indischen und den Stillen Ozean. Aber auch viele Lippfische von Arten, die nicht zu dieser Unterfamilie gehören, sind – wenigstens zeitweise – als Putzer bekannt. So betätigen sich von den karibischen Lippfischen vor allem die Jungfische des Spanischen Schweinsfisches (*Bodianus rufus*) und die des Blaukopflippfisches (*Thalassoma bifasciatum*) regelmäßig als Putzer. Auf den Malediven hat sich der Putz-Junker (*Thalassoma amblycephalum*) darauf spezialisiert, vor allem Mantas und andere große Knorpelfische zu putzen. Im Mittelmeer sind es meist Jungfische des Meerpfaus (*Thalassoma pavo*) und auch des

△ *Der Gemeine Putzerlippfisch* (Labroides dimidiatus) *zählt zu den wenigen Fischen, die sich ganz auf das Putzen anderer spezialisiert haben.*

Oft sieht man sie zu zweit wie an diesem Nashornfisch (Naso brevirostris), *den sie von winzigen Hautparasiten befreien.* ▷

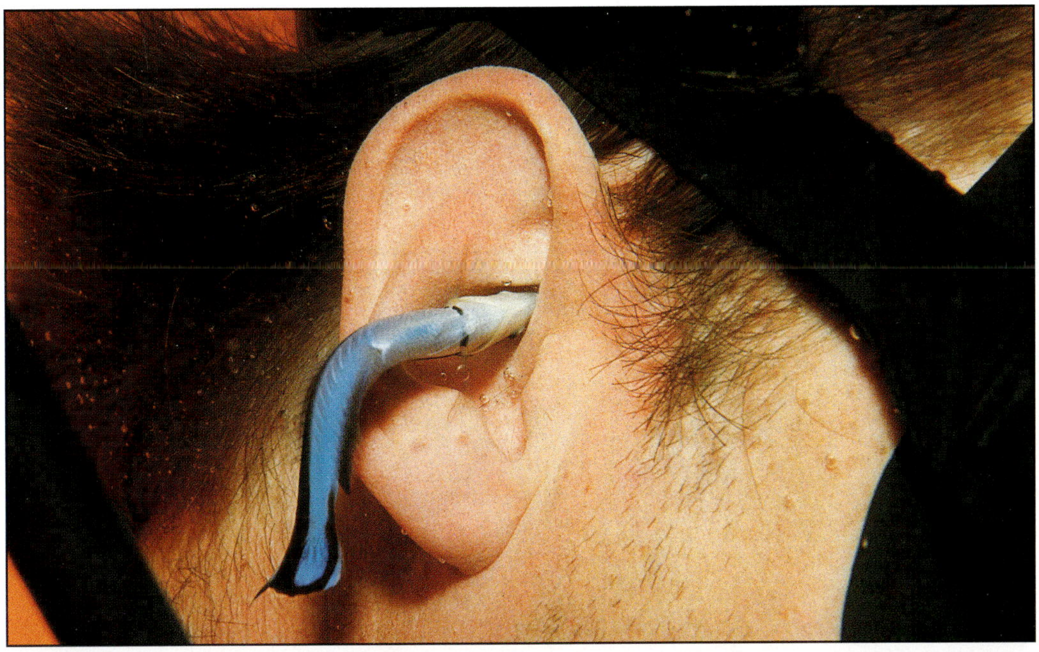

◁ *Ganz selten verirrt sich ein übereifriger Gemeiner Putzerlippfisch und versucht sich an Sporttauchern. Eine etwas schmerzhafte Begegnung!*

▽ *Auch Zahnpflege muß sein: Gerade kommt ein Gemeiner Putzer aus dem Maul einer Gepunkteten Süßlippe* (Plectorhinchus chaetodonoides).

Dieser große ▷ *Zweifarben-Putzer* (Labroides bicolor) *dringt bei seiner Arbeit tief in die Kiemenöffnung einer Leopardenmuräne* (Gymnothorax undulatus) *ein.*

△ *Die räuberischen Eidechsenfische halten auch still, wenn es darum geht, von einem Zweifarben-Putzer* (Labroides bicolor) *bedient zu werden.*

Meerjunkers (*Coris julis*), die beim Putzen beobachtet werden.

Die Putzstationen werden von ihren verschiedenen Kunden, von Riffbarschen, Papageifischen, Zackenbarschen oder Meerbarben, regelrecht belagert. Schlange stehen zum Zähne putzen: Die Fische nehmen sogar längere Wartezeiten in Kauf, bis sie endlich an der Reihe sind. Selbst von typisch pelagischen Fischen wie den Stachelmakrelen werden Putzerstationen regelmäßig aufgesucht.

Es gibt nicht nur die Putzstationen, zu denen die Kunden kommen. Auch der umgekehrte Fall läßt sich immer wieder beobachten: Putzer kommen zu den Fischen, die sich putzen lassen wollen, sie machen bei ihren Kunden regelrechte „Hausbesuche". Der Zweifarben-Putzerfisch (*Labroides bicolor*), der im westlichen Indischen Ozean (mit Ausnahme des Roten Meers und des Arabischen Meers) vorkommt, ist solch ein Putzer, der durch das Riff streicht und seine Kunden besucht. Oft sind die standortstreuen Muränen das Ziel der Zweifarben-Putzerfische. Der Putzer sucht nicht nur die Haut der Muräne nach Freßbarem ab. Besonders gründlich werden die kreisrunden Kiemenöffnungen der Muräne inspiziert. Immer wieder verschwindet der bis vierzehn Zentimeter lange Labroides bicolor zu gut einem Drittel seiner eigenen Körperlänge im Kiemenapparat des Raubfisches. Dabei arbeitet der Putzer heftig mit seiner Schwanzflosse – als ob er sich noch tiefer in die Kiemen „hineinbohren" wollte. Wenn die Muräne vom Putzen genug hat, beendet sie mit unmißverständlichen Schüttelbewegungen ihre bis dahin gezeigte Putzbereitschaft.

Schon früh hat sich die Verhaltensforschung für die Putzersymbiose interessiert. Am besten untersucht ist das Verhalten des Gemeinen Putzerfisches (*Labroides dimidiatus*) – und das hat seinen guten Grund. Dieser professionelle Putzer, der in der älteren Be-

stimmungsliteratur auch „Meerschwalbe" genannt wird, hat einen Nachahmer, der ihm zum Täuschen ähnlich sieht. Nicht nur in der Größe, Form und in der Färbung, auch im Verhalten ahmt der Säbelzahnschleimfisch (*Aspidontus taeniatus;* Familie *Blenniidae*) sein Lippfisch-Vorbild perfekt nach. Nur so hat er eine Chance, sich den ahnungslosen Fischen zu nähern. Für diese ist die optische Täuschung, auf die sie hereingefallen sind, mit einer recht schmerzhaften Erfahrung verbunden: Der Säbelzahnschleimfisch nämlich hat sich darauf spezialisiert, mit seinen messerscharfen Zähnen kleine Stücke aus Haut oder Flosse seines Opfers regelrecht herauszustanzen.

△ *Ein ungleiches Paar: der Rotfeuerfisch und ein Gemeiner Putzer, der sich schon als Jungfisch ganz auf das Putzen als Nahrungserwerb spezialisiert hat.*

◁ *An der Küste des Mittelmeers unterhalten junge Meerpfaue* (Thalassoma pavo) *regelrechte Putzerstationen. Zwei Mönchsfische* (Chromis chromis) *fordern durch ihre Körperhaltung zum Putzen auf.*

Neongobies

Im tropischen Westatlantik sind es die Neongobies, kleine Grundeln aus der Gattung Gobiosoma, die als „professionelle" Putzer der Karibik bekannt sind.

◁ *In der Karibik sind es die kleinen Neongrundeln wie diese Haigrundeln* (Gobiosoma evelynae)*, die regelrechte Putzerstationen unterhalten.*

▽ *Eine Gruppe kleiner karibischer Riffbarsche macht an einem Korallenblock halt, um sich von den Haigrundeln säubern zu lassen.*

Die Familie der Grundeln (*Gobiidae*) ist mit über 200 Gattungen und mehr als 1500 Arten die größte aller Fischfamilien. Zwölf Arten aus dieser riesigen Familie werden von den Fischkundlern unter dem Begriff „Neongrundeln" (im „Englischen „Neongobies") zusammengefaßt. Neongrundeln als solche zu erkennen, ist nicht schwierig – doch die einzelnen Arten der Neongobies voneinander zu unterscheiden, das ist die Kunst! Neongrundeln zählen alle zur Gattung Gobiosoma und sehen sich auf den ersten Blick alle zum Verwechseln ähnlich: Sie haben die gleiche Körperform und Körpergröße, und alle zeigen auffallend leuchtende Längsstreifen, die vor oder an den Augen beginnen. Die Färbung dieser Streifen, ihre Länge, ihr Anfang in der Kopfregion zählen zusammen mit anderen artspezifischen Farbflecken (meist auf der Schnauzenregion) zu den Hauptbestimmungsmerkmalen der einzelnen Arten dieser Gattung.

Was diese Gruppe, deren Verbreitungsgebiet auf die Warmwassergebiete des

△ *Besonders gründlich läßt sich ein Zackenbarsch putzen: zuerst von einer Scherengarnele, dann von einer Neongrundel.*

▽ *Auch die Neongrundel* (Gobiosoma oceanops) *gehört zu den Putzerfischen der Karibik.*

Westatlantiks beschränkt ist (Florida, Bahamas, Karibik, Venezuela) so interessant macht, ist ihr Verhalten. Sechs von den zwölf Arten haben sich zu professionellen Putzerfischen entwickelt und besetzen in der Karibik die ökologische Nische, die im Indopazifik die Putzerlippfische der Gattung Labroides einnehmen. In der Karibik gibt es keine Putzerlippfische. Hier unterhalten dafür die Neongobies regelrechte Putzerstationen im Riff. Zu ihnen zählt auch die bis zu vier Zentimeter lange Art Gobiosoma evelynae, die im Englischen wegen ihrer spitz zulaufenden Schnauze mit dem auffallend unterständigen Maul als „Sharknose-Goby“ bezeichnet wird (der deutsche Name „Hainasen-Grundel“ ist die wörtliche Übersetzung aus dem Englischen). Oft sind Pärchen dieser Art zu beobachten, wie sie auf „ihrem“ Steinkorallenblock ruhig nebeneinander liegen und nach Kundschaft Ausschau halten. Wie es von vielen anderen Fischarten (aus ganz unterschiedlichen Familien) auch bekannt ist, leben diese Neongrundeln in Dauerehe. Kommt ein Fisch – egal ob ein großer Zackenbarsch oder ein kleiner Riffbarsch – in der sichtbaren Erwartung, geputzt zu werden, dicht an den Korallenblock herangeschwommen, dauert es gar nicht lange, bis einer (oder auch beide) der Neongobies auf ihn „überspringt“ und mit dem Putzen beginnt. Hierbei unterstützt der Kunde den Putzer nach Kräften. Um der Grundel ihr Handwerk so einfach wie möglich zu machen, stülpt der Fisch, der sich gerade putzen läßt, sein Maul weit vor, stellt die Kiemendeckel ab, spreizt die Flossen.

◁ *Nachdem der winzige Putzer ausführlich die Nahrungsreste zwischen den Zahnreihen des Zackenbarsches entfernt hat, hält der Räuber sein Maul solange noch geduldig offen, bis der Putzer es wieder verlassen hat.*

▽ *Eine Gelbnasen-Neongrundel* (Gobiosoma randalli) *wartet auf Kundschaft. Alle Neongrundeln sind in Körperform, -größe, -färbung und -zeichnung sehr ähnlich.*

Auch das „Zähne putzen" vergessen die Neongrundeln bei ihren Kunden nicht: Sie suchen den Mundraum nach Nahrungsresten gründlich ab.

Nicht alle Neongrundeln betätigen sich als Putzer. Neben den Hainasen-Grundeln sind die Arten G. oceanops, G. illecebrosum, G. genie, G. randalli und G. prochilos als Putzer bekannt. Fünf andere Arten dagegen werden innerhalb der Neongobies als schwammbewohnende Neongrundeln zusammengefaßt. Sie leben auf der Oberfläche großer Schwämme. Diese „Schwamm-Gobies" sind sehr scheu und nicht als Putzer bekannt.

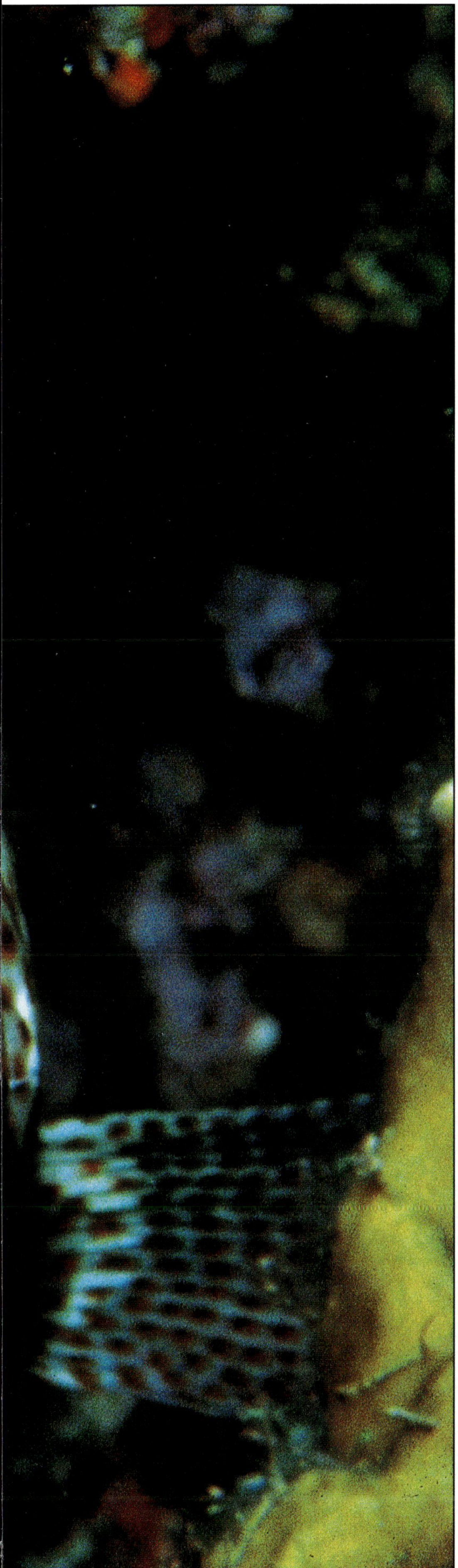

Putzer-garnelen

Kiemenpflege muß sein! Die stark durchbluteten Kiemen der Fische sind für Parasitenbefall besonders anfällig. Kein Wunder, daß sich die Fische dort besonders gründlich putzen lassen. In der Karibik sind es die Pederson-Putzergarnelen, die sich intensiv um die Körperpflege der Riffische kümmern.

◁ *Neben den Neongrundeln haben sich in der Karibik einige Garnelen wie die filigranen Pederson-Putzergarnelen* (Periclimenes pedersoni) *ganz auf die Hautpflege der Fische spezialisiert.*

△ *Gründlich kümmern sich die Garnelen um die Kiemen ihrer Kunden wie diesen Zackenbarsch.*

Durch das Wiegen ▷ *ihres Körpers und durch „Winken“ mit ihren Antennen fordern die Garnelen Fische auf, sich putzen zu lassen.*

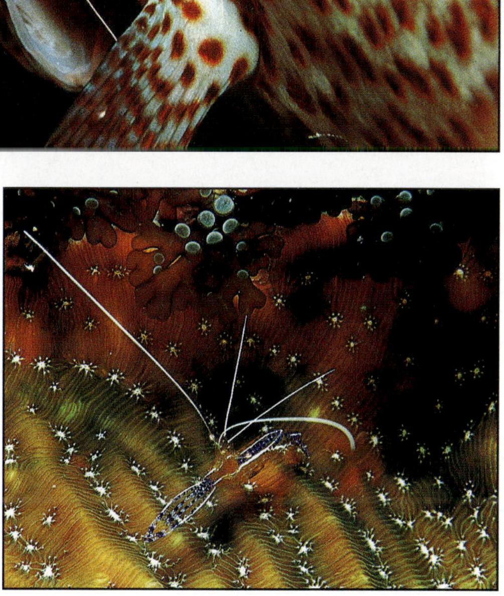

Neben den Fischen sind es kleine Garnelen, die sich um die Körperpflege von Fischen kümmern. Garnelen-Putzerstationen, die sich bei den Fischen sichtlich großer Beliebtheit erfreuen, sind aus allen tropischen Riffgebieten bekannt. In der Karibik sind mehrere verschiedene Garnelenarten als Putzer bekannt. Zu ihnen zählt auch die zierliche Pederson-Putzergarnele (Periclimenes pedersoni): Mehrere ein bis zwei Zentimeter lange Garnelen mit weißen Streifen und blauen Punkten auf ihren durchsichtigen Körpern bieten den vorbeischwimmenden Fischen ihre Dienste an. Mit ihren weißen Antennen, die sich deutlich vom dunklen Hintergrund abheben, machen sie auf sich aufmerksam. Es dauert nicht lange, und die meisten Fische des Riffs, ob Riffbarsch, Doktorfisch oder Zackenbarsch, kommen zu einer kurzen „Putzpause" vorbei. So auch der etwa 30 Zentimeter große Blutrote Juwelenbarsch (Cephalopholis cruentata – im Englischen „Graysby"). Sofort springen die kleinen Krebse auf den Fisch und beginnen, die Haut des Zackenbarsches nach winzigen Parasiten abzusuchen. Drei, vier Putzergarnelen haben einige Zeit zu tun, bis sie ihre Arbeit beendet haben: Fünf, sechs Minuten lang bleibt der gefürchtete Räuber geduldig an der Putzerstation liegen. Besonders gründlich kümmern sich die Putzergarnelen um das Maul und die Kiemen des Fisches. Immer wieder verschwinden sie dabei vollständig im weit aufgerissenen Maul des Zackenbarsches, um selbst an die hintersten Zähne heranzukommen. Auch bei der Kiemenpflege werden die Putzer von ihrem Kunden aktiv unterstützt: Immer, wenn sich die Garnelen mit den stark durchbluteten – und deswegen für Parasitenbefall besonders anfälligen – Kiemen beschäftigen, stellt der Fisch seine Kiemendeckel weit ab.

Wer längere Zeit, beispielsweise über 60 Minuten, eine Putzerstation nicht aus den Augen läßt, wird überrascht sein, wie viele verschiedenen Fischarten sich von den unermüdlich um Kunden werbenden Garnelen putzen lassen. Kleine Riffbarsche (Chromis

Im gesamten Indopazifik verbreitet ist die Putzende Partnergarnele (Leandrites cyrtorhynchus). ▷

▽ *Im Indopazifik sind es häufig Garnelen der Gattung* Leandrites, *die immer wieder beim Putzen der Muränen und anderer großer Räuber beobachtet werden.*

◁ *Bei dieser Putzergarnele fallen vor allem ihre schneeweißen, langen Antennen auf, mit denen sie um Kunden wirbt.*

Die Garnelen lassen sich bei ihrer Arbeit oft viel Zeit. Dabei suchen sie vor allem die Hautpartie nach winzigen Ektoparasiten ab. ▷

Die Rotweiß-gebänderte Scherengarnele (Stenopus hispidus) *ist eine der wenigen Garnelen, die in allen tropischen Meeren anzutreffen ist.* ▷

▽ *Ein Rotmaul-Zackenbarsch* (Aethaloperca rogaa) *reißt sein Maul weit auf, um der Garnele das Putzen seiner Zahnreihen zu ermöglichen.*

multilineatus) stülpen ihr Maul immer wieder weit vor, um den Garnelen das Putzen leichter zu machen. Die nachtaktiven Eichhörnchenfische (Gattung Holocentrus) zählen zu den regelmäßigen Kunden ebenso wie die Kreolenbarsche (Paranthias furcifer). Auffallend ist, daß es immer wieder dieselben Fische sind, die in mehr oder weniger regelmäßigen Abständen zu „ihrer“ Putzerstation zurückkommen.

Dank ihrer Vorliebe zum Putzen von Fischen werden diese Garnelen in der Karibik „Pederson Cleaner Shrimp“, im Deutschen „Pederson-Putzergarnelen“, genannt. Sie sind in der Karibik, um Florida und die Bahamas weit verbreitet. Manchmal sieht

man, wie sich die Putzergarnelen und die Neongobies, die Putzerfische der Karibik (Gattung Gobiosoma), gemeinsam um einen Fisch kümmern.

Der Lebensraum der Garnelen sind die schützenden Tentakel der Seeanemonen: Periclimenes pedersoni lebt mit verschiedenen Arten von Nesseltieren zusammen. Regelmäßig trifft man sie auf Bartholomea annulata, der Korkenzieher-Anemone und auf der Riesenanemone (Condylactis gigantea). Aber auch zwischen den Tentakeln von Heteractis lucida und Lebrunia danea sind diese kleine Garnelen immer wieder gefunden worden.

Fische, die sich gerade putzen lassen, zeigen den Krebsen gegenüber eine totale Freßhemmung. Aber das ist noch kein absoluter Freßschutz. Ihre Putzer-Tätigkeit scheint die Garnelen nicht automatisch vor dem Gefressenwerden zu schützen. Fische, die sich gerade nicht putzen lassen, schnappen auch nach diesen Krebstieren. Es wurde beobachtet, daß zum Beispiel verschiedene Lippfische Pederson-Putzergarnelen fressen, wenn diese sich zu weit von ihren Seeanemonen entfernt haben. So macht es Sinn, daß sich die weiß-blauen Garnelen nie weit aus dem Tentakelwald ihrer Seeanemone hervorwagen, nur aus dem Schutz des Nesseltieres heraus sich trauen, um Kunden zu werben.

△ *Eine Putzerstation wird von vielen verschiedenen Arten besucht. Kaum sind die Pederson-Putzergarnelen mit den kleinen Riffbarschen fertig,...*

◁ *...kommt einer der nachtaktiven Husarenfische zur Putzerstation. Nicht selten ist zu beobachten, wie andere Fische warten, bis sie an der Reihe sind.*

Register der abgebildeten Tierarten

Die Unterwasserwelt erleben:

David Doubilet / Andrea Ghisotti

ROTES MEER

Enzyklopädie der Unterwasserwelt

Unzählige Schiffe haben in Jahrtausenden das Rote Meer durchpflügt, häufig konfrontiert mit starken Strömungen, plötzlichen Stürmen oder bögigen Winden, die das geschichtsträchtige Gebiet zu einem riesigen Friedhof für Schiffe aller Zeitalter werden ließen: ein Schrecken für die Seeleute, aber ein Entzücken für die Taucher, die hier ihr Eldorado gefunden haben. Dieses Buch erzählt die Geschichte der Erforschung des Roten Meeres. Der Leser wird in die zauberhaften unterseeischen Gärten vor der Küste des Sinai geführt, er erlebt das Abenteuer des Tauchens an geheimnisvollen Wracks, begegnet Dutzenden von Haien und sieht Strände, an denen nachts die Schildkröten an Land kommen, um dort ihre Gelege im Sand zu vergraben. Die spektakulären Fotos stammen von den größten Meistern der Unterwasser-Fotografie.

ISBN 3-86132-118-1

Franco Banfi

PAPUA-NEUGUINEA

Enzyklopädie der Unterwasserwelt

Eine eigene unverdorbene Welt mit einer unglaublichen Vielfalt an Formen und Farben tut sich auf. Franco Banfi läßt den Leser mit prächtigen Fotos und spannenden Erzählungen an der Erforschung einer traumhaften Unterwasserwelt teilnehmen. Kathedralenartige Höhlen öffnen sich, vielfarbige Korallenfische quellen aus den Spalten bizarrer Riffe, herrliche Korallenformationen bauen sich vor der Kamera auf. Der Leser erlebt die packenden Begegnungen des Autors mit den Großfischen des Meeres. Er sieht, wie Haie und Barrakudas aus der Weite des Meeres auftauchen, um ihr Revier zu kontrollieren.

ISBN 3-86132-172-6

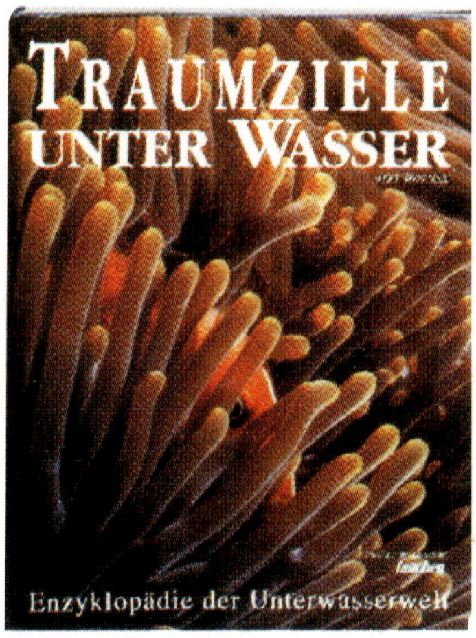

Jeff Rotman

TRAUMZIELE UNTER WASSER

Enzyklopädie der Unterwasserwelt

Jeff Rotman, einer der renommiertesten Unterwasserfotografen der Welt, entführt den Leser auf eine traumhafte Reise in wilde unberührte Meeresgegenden. Sein Buch ist so etwas wie die ideale Reportage. Der Autor ist gleichzeitig Kommentator seiner eigenen Bilder. Dabei schöpft er aus der Quelle seiner lebenslangen Erfahrungen, die er in allen Meeren der Welt gesammelt hat. Spannung und Dramatik verbinden sich mit dem geheimnisvollen Zauber eines phantastischen Universums. Wer könnte sich dem starken Eindruck entziehen, wenn er tief in den Felsenspalten des australischen Barriere-Riffs unvermittelt auf eine Muräne stößt oder im Indischen Ozean das feine Spitzengewirk einer Lederkoralle entdeckt.

ISBN 3-86132-163-7

Kurt Amsler

MALEDIVEN

Enzyklopädie der Unterwasserwelt

Das Traumziel für Taucher aus aller Welt. Sie kommen, um eine unvergleichliche Schönheit der Natur zu erleben – und vor allem eine geradezu überwältigende Fülle verschiedener Meerestiere und Korallenarten. Einer der besten UW-Fotografen der Welt, Kurt Amsler, hat den ungewöhnlichen Reiz und die Geheimnisse dieses Meeresgrundes für ein wunderschönes Buch eingefangen. Der Leser taucht mit hinab in die Grotten von Digalihaa, begegnet Schwärmen von Haien vor Mushimasmingili oder schwimmt durch die Laderäume des Wracks der „Maldive Victory". Dabei begegnet er der Natur in ihrer bemerkenswertesten Form, voller Leben, Formen und Farben.

ISBN 3-86132-138-6

Jahr Verlag, Hamburg